TURING

COLEÇÃO
FIGURAS DO SABER

dirigida por
Richard Zrehen

Títulos publicados

1. *Kierkegaard*, de Charles Le Blanc
2. *Nietzsche*, de Richard Beardsworth
3. *Deleuze*, de Alberto Gualandi
4. *Maimônides*, de Gérard Haddad
5. *Espinosa*, de André Scala
6. *Foucault*, de Pierre Billouet
7. *Darwin*, de Charles Lenay
8. *Wittgenstein*, de François Schmitz
9. *Kant*, de Denis Thouard
10. *Locke*, de Alexis Tadié
11. *D'Alembert*, de Michel Paty
12. *Hegel*, de Benoît Timmermans
13. *Lacan*, de Alain Vanier
14. *Flávio Josefo*, de Denis Lamour
15. *Averróis*, de Ali Benmakhlouf
16. *Husserl*, de Jean-Michel Salanskis
17. *Os estoicos I*, de Frédérique Ildefonse
18. *Freud*, de Patrick Landman
19. *Lyotard*, de Alberto Gualandi
20. *Pascal*, de Francesco Paolo Adorno
21. *Comte*, de Laurent Fédi
22. *Einstein*, de Michel Paty
23. *Saussure*, de Claudine Normand
24. *Lévinas*, de François-David Sebbah
25. *Cantor*, de Jean-Pierre Belna
26. *Heidegger*, de Jean-Michel Salanskis
27. *Derrida*, de Jean-Michel Salanskis
28. *Montaigne*, de Ali Benmakhlouf

TURING
JEAN LASSÈGUE

Tradução
Guilherme João de Freitas Teixeira

Estação Liberdade

FIGURAS DO SABER

Título original francês: *Turing*
© Société d'édition les Belles Lettres, 1998
© Editora Estação Liberdade, 2017, para esta tradução

Preparação Luciana Lima
Revisão Marise Leal
Projeto gráfico Edilberto F. Verza
Capa Natanael Longo de Oliveira
Assistência editorial Fábio Fujita e Letícia Howes
Composição Miguel Simon
Comercialização Arnaldo Patzina e Flaiene Ribeiro
Administrativo Anselmo Sandes
Editor responsável Angel Bojadsen

CIP-BRASIL. CATALOGAÇÃO NA PUBLICAÇÃO
SINDICATO NACIONAL DOS EDITORES DE LIVROS, RJ

L368t

Lassègue, Jean, 1962-
    Turing / Jean Lassègue ; tradução Guilherme João de Freitas Teixeira. -- 1. ed. -- São Paulo : Estação Liberdade, 2017.
    240 p. ; 21 cm.   (Figuras do saber ; 29)

Tradução de: Turing
Inclui bibliografia
ISBN: 978-85-7448-280-4

1. Computação - Matemática. I. Título II. Série.

17-39189   CDD: 518.1
                           CDU: 519.165

18/01/2017   24/01/2017

Todos os direitos reservados à Editora Estação Liberdade. Nenhuma parte da obra pode ser reproduzida, adaptada, multiplicada ou divulgada de nenhuma forma (em particular por meios de reprografia ou processos digitais) sem autorização expressa da editora, e em virtude da legislação em vigor.

Esta publicação segue as normas do Acordo Ortográfico da Língua Portuguesa, Decreto nº 6.583, de 29 de setembro de 2008.

Editora Estação Liberdade Ltda.
Rua Dona Elisa, 116 | 01155-030 | São Paulo-SP
Tel.: (11) 3660 3180 | Fax: (11) 3825 4239
www.estacaoliberdade.com.br

Sumário

Cronologia 9

Introdução 15

I. Linhas diretrizes do itinerário intelectual de Turing 19
   1. *Turing, um franco-atirador da pesquisa* 19
   2. *Trabalhos de Turing no acúmulo do saber matemático* 22
   3. *Visão científica do mundo elaborada por Turing* 46

II. A lógica do cálculo 51
   1. *Contexto lógico-matemático das décadas de 1920 e 1930* 52
   2. *A noção de cálculo* 67
   3. *A tese de Turing sobre a noção de cálculo* 79
   4. *Consequências epistemológicas e filosóficas* 95

III. Modelos computacionais da mente e do corpo 105
   1. *Observações sobre o surgimento da informática* 108
   2. *Modelização informática das expressões do pensamento* 127
   3. *Modelização informática da organização do corpo* 138
   4. *Consequências epistemológicas e filosóficas* 154

IV. A coerência do projeto de Turing: do símbolo
    ao simbólico   159
    1. *Psicologia e mecanismo*   160
    2. *Gênese e estrutura do conceito de máquina*   181
    3. *A ciência do mental*   212

Conclusão   217

Indicações bibliográficas   219

Cronologia

1912   Nascimento no dia 23 de junho, em Londres, de Alan Mathison Turing, filho de Julius Mathison Turing e de Ethel Sara Stoney.

1912-21   Alan e o irmão mais velho, John, são educados por uma família acolhedora na Inglaterra. Seus progenitores viviam na Índia porque o pai era funcionário da administração colonial — Serviço Civil Indiano — na região de Madras; por isso, os encontros com os filhos eram ocasionais.

1917   O biólogo e matemático escocês D'Arcy Wentworth Thompson (1860-1948) — mais conhecido por D'Arcy Thompson — lança a obra *On Growth and Form* [Sobre o crescimento e a forma, texto revisado em 1942]; é chamado "o primeiro biomatemático".

1926   Alan Turing ingressa na Public School Sherborne (uma espécie de Ensino Médio ou preparatório para a universidade).

1928   O matemático alemão David Hilbert (1862-1943) — representante mais ilustre da tendência axiomática — renova seu programa no decorrer do Congresso Internacional dos Matemáticos, em Bolonha.

O astrofísico britânico Arthur S. Eddington (1882-1944) lança a obra *The Nature of the Physical World* [A natureza do mundo físico].

1931 Turing ingressa no King's College de Cambridge para estudar matemática (um dos avós tinha sido matemático antes de se tornar pastor).

O matemático austríaco-húngaro, naturalizado norte-americano, Kurt F. Gödel (1906-1978) lança a obra *Über formal unentscheidbare Sätze der Principia Mathematica und verwandter Systeme* [Sobre as proposições formalmente indecidíveis dos *Principia Mathematica* e sistemas relacionados], na qual expõe seu famoso teorema da incompletude.

1933 Hitler chega ao poder, provocando o exílio dos intelectuais da Alemanha e, em seguida, da Europa Central.

1934 Alan M. Turing é graduado em matemática com louvor.

1935 Torna-se membro do King's College após sua dissertação sobre o "Teorema do limite central" — ou "Teorema central do limite" — no cálculo das probabilidades.

1936 Comprova o resultado negativo da decidibilidade (*Entscheidung*) proposto por D. Hilbert. Vai para Princeton, universidade em que trabalha com o matemático norte-americano Alonzo Church (1903-1995) e com John von Neumann (1903-1957), matemático húngaro de origem judaica, naturalizado norte-americano.

1937 Publicação de "On Computable Numbers, with an Application to the Entscheidungsproblem" [Sobre os números computáveis com uma aplicação ao *Entscheidungsproblem*], in *Proceedings of the London Mathematical Society*.

Obtém a Bolsa Procter em Princeton; Von Neumann apresenta-lhe a proposta de permanecer no ano seguinte em Princeton, tornando-se seu assistente.

1938   Retorno à Inglaterra. Faz um curso de criptologia na Government Code and Cypher School (GC&CS) que, em 1946, adotou a sigla GCHQ (Government Communications Headquarters): serviço de inteligência britânico encarregado da segurança, assim como da espionagem e contraespionagem nas comunicações.

1939   4 de setembro, início da Segunda Guerra Mundial: Turing é contratado pela GC&CS, em Bletchley Park, para trabalhar na decodificação das mensagens enviadas por rádio de Berlim aos submarinos nazistas, participantes do bloqueio da Inglaterra.

1941   Tendo pedido em casamento a colega de trabalho Joan Clarke, rompe em seguida o noivado.

1942   Torna-se chefe em consultoria de pesquisa na GC&CS, da Hut 8, a seção responsável pela criptoanálise da frota naval alemã; viaja em segredo para os Estados Unidos a fim de entrar em contato com o serviço de criptologia norte-americano. Teria sido consultado sobre alguns aspectos relativos à bomba atômica.

1943   Trabalha de janeiro a março nos laboratórios Bell em questões de criptologia da fala; encontra-se com o matemático norte-americano, engenheiro eletrônico e criptógrafo Claude E.

Shannon (1916-2001), conhecido como "o pai da teoria da informação" ao ter publicado o importante artigo científico "A Mathematical Theory of Communication" (*The Bell System Technical Journal*, vol. 27, 1948, jul., pp. 379--423; out., pp. 623-656).

1944 Turing aperfeiçoa sua máquina eletrônica de codificação da fala, *Delilah I*.

1945 Fim da Guerra na Europa.

O físico teórico austríaco naturalizado irlandês Erwin R. Schrödinger (1887-1961) lança a obra *What is Life? The Physical Aspect of the Living Cell* [*O que é vida? O aspecto físico da célula viva seguido de mente*. São Paulo: Unesp, 1997].

Turing começa a conceber o projeto de "construir um cérebro"; ele tem acesso ao *National Physical Laboratory* (NPL), em Teddington, para construir um protótipo de computador, o *Automatic Computing Engine* (ACE).

1946 Em junho, como reconhecimento por seu trabalho no centro de análise criptográfico de Bletchey Park, Turing foi condecorado com a comenda de Oficial da Ordem do Império Britânico.

1947 Em Nova York, fundação da ACM (Associação dos Sistemas da Computação) como a primeira sociedade científica e educacional dedicada à computação.

1947 Turing deixa o NPL por razões teóricas e administrativas. Durante um ano, retorna à Universidade de Cambridge; acompanha cursos de fisiologia e de neurologia.

1948	Faz parte da equipe de informática da Universidade de Manchester para trabalhar no protótipo de computador que se torna operacional em junho.
1950	Publicação do texto "Computing Machinery and Intelligence" [Computadores e inteligência], na revista filosófica *Mind*.
1951	Em 15 de março, é eleito membro da Royal Society, a partir de um relatório assinado por Bertrand Russell e Max Newman; o fato de o documento mencionar seu artigo de 1936 levou Turing a comentar que ele poderia ter recebido tal nomeação aos 24 anos.
1952	Março: processo e condenação por homossexualidade; é obrigado a escolher entre a prisão e a castração química.
	Do mês seguinte a abril de 1953: Turing submete-se a um tratamento hormonal.
	Agosto: publicação do artigo "The Chemical Basis of Morphogenesis" [A base química da morfogênese], in *Philosophical Transactions of The Royal Society of London*. Estudos filotácticos.
	Outubro: início da terapia psicanalítica (junguiana).
1953	Crick e Watson — ou seja, o biólogo molecular, biofísico e neurocientista britânico Francis H. Crick (1916-2004) e o biólogo molecular, geneticista e zoologista norte-americano James D. Watson (1928) — descobrem a estrutura do DNA.
1954	Suicídio em 7 de junho, em sua casa de Wimslow (perto de Manchester), por ingestão de uma maçã que havia sido macerada no cianeto.

Introdução

Em virtude das origens gregas da racionalidade científica, o professor encarregado da iniciação ao estudo dessa disciplina é incumbido da difícil tarefa de indicar aos estudantes a leitura do *Teeteto*, diálogo elaborado por Platão no período da maturidade. Nesse texto, o filósofo mostra um jovem matemático de seu tempo que, segundo a opinião de todo o mundo, estava fadado a usufruir de um futuro brilhante; com efeito, de acordo com os vestígios deixados pela história, o destino desse matemático acabou sendo, em muitos aspectos, heroico. A começar pelo heroísmo do pensamento: como matemático, conseguiu estabelecer as bases da teoria dos números irracionais, tal como ela é exposta na axiomática de Euclides; entretanto, como especialista da lógica, chegou a completar, por antecipação, a lista dos poliedros regulares, provando que seu número não poderia elevar-se acima de cinco tipos. Em seguida, veio o heroísmo da ação, uma vez que faleceu em decorrência de ferimentos recebidos em combate por ocasião da batalha que os atenienses travaram contra a cidade de Corinto, em 369 a.C.

Ao prestar homenagem a esse matemático-cidadão mediante o título de um de seus diálogos, Platão confirma, na história de nossa cultura, a aliança enigmática entre filosofia e matemática. Em *Teeteto*, o filósofo apresenta tal aliança da seguinte maneira: ao conhecimento tão proeminente que é a matemática opõe-se um não saber que é, no entanto, resultante da matemática e que se relaciona com a maneira como a mente adquiriu o conhecimento em questão. Que tipo de funcionamento deverá ser atribuído à mente para que seja possível descrever a maneira como o matemático teve acesso aos objetos matemáticos? No decorrer do diálogo, o saber matemático — cujo valor supremo havia sido reconhecido — não passa finalmente do recurso mais propício para que Teeteto venha a formular a questão do acesso à incógnita por ocasião de suas descobertas na área da matemática. E, nessa busca, as certezas vão desaparecendo umas depois das outras para acabarem cedendo, no final, lugar à aporia — ou seja, a ausência de saída — e à exortação em favor da busca racional que ela requer de cada um de nós.

As páginas deste livro, ao descreverem o itinerário de outro matemático-cidadão, Alan Mathison Turing — que se assemelha, em muitos aspectos, ao jovem Teeteto do diálogo de Platão, apesar da grande distância espacial e temporal que os separa —, constituem um esforço no sentido de contribuir para a renovação do enigma que consolida a aliança tradicional entre a filosofia e a matemática. Em Turing, é possível reconhecer também o heroísmo do pensamento por ter conseguido, com 24 anos, descrever matematicamente a essência do ato de calcular; além disso, a partir dessa análise, ele tentou reconstruir tanto o funcionamento do pensamento quanto a organização do corpo. E ele não está destituído do heroísmo da ação: ao decodificar, por ocasião da Segunda Guerra Mundial, as mensagens enviadas de Berlim para os submarinos alemães que faziam o bloqueio da Inglaterra, ele acabou sendo considerado o salvador de seu país contra a invasão nazista. À semelhança de Teeteto, Turing morreu jovem, no seu caso provavelmente vítima da guerra fria. Ainda como Teeteto, suas contribuições para a matemática modificaram em profundidade as fronteiras entre os domínios do conhecimento e, por conseguinte, também a maneira de produzir novos resultados nas diferentes áreas do saber: o uso generalizado do computador — instrumento para a criação do qual Turing contribuiu de maneira considerável — é a confirmação mais brilhante de tais mudanças. Mas o sucesso na área da matemática não impede o filósofo de reencontrar, no âmago desse itinerário, o caminho da aporia, além de reatar com o enigma da natureza do conhecimento, tão difícil de apreender, mas ainda mais difícil de justificar. Convido, agora, o leitor a empreender o processo dinâmico que, de acordo com as lições de Platão, vai do conhecimento mais consolidado ao não saber.

I
Linhas diretrizes do itinerário intelectual de Turing

1. *Turing, um franco-atirador da pesquisa*

Na área científica, os interesses de Turing foram bastante diversificados: matemática pura (cálculo das probabilidades e estatística, teoria dos números, teoria dos grupos), lógica matemática (decidibilidade, calculabilidade), criptologia, construção efetiva dos primeiros computadores e morfogênese.

Para nos orientar nesse labirinto, convém consultar o que o próprio Turing pensava de sua obra científica[1]: em sua opinião, dois de seus artigos eram igualmente originais; então, é a partir desses textos que tentaremos reconstruir seu itinerário intelectual.

Turing tinha apenas 24 anos em 1936, quando foi publicado o primeiro texto[2] que estabelece os alicerces da teoria lógica da calculabilidade, que se apoia no que,

---

1. Tal julgamento encontra-se em um texto literário de natureza autobiográfica, escrito por Turing, citado em Hodges, 1983 [2014], p. 448. Neste capítulo, todos os detalhes históricos e biográficos são tomados de empréstimo — salvo indicação contrária — a Hodges, 1983 [2014], e a Turing, 1992a,b,c.

2. "On Computable Numbers with an Application to the *Entscheidungsproblem*" [Sobre os números computáveis com uma aplicação ao problema da *Entscheidung*], in *Proceedings of the London Mathematical*

desde essa época, começa a ser designado por conceito de "máquina de Turing".[3] Esse documento é conhecido, em particular, pelo público da área científica na medida em que, por seu intermédio, Turing lançava as bases teóricas daquilo que haveria de tornar-se um dos mais importantes fenômenos, do ponto de vista científico e técnico, da segunda metade do século XX: a constituição da informática teórica e o uso generalizado do computador.

Por sua vez, o segundo artigo[4] é de 1952: nesse texto, Turing cria as bases de uma teoria geral da morfogênese com o objetivo de explicar as diferentes formas presentes na organização dos seres vivos. Essa teoria estuda as reações químicas, no âmago do organismo, por meio de uma modelização matemática, seguida por uma simulação informática.

Em um terceiro artigo, escrito em 1950[5], Turing estabeleceu um vínculo entre esses dois temas de pesquisa — lógica e biologia —, aparentemente bastante afastados um do outro. De natureza mais filosófica do que científica, esse texto propõe o estudo dos processos cognitivos por simulação informática: Turing lançava aí as bases do que começaria a ser designado, em 1956 — ou seja, dois anos após seu falecimento —, por "inteligência artificial". A reputação desse artigo é, por isso mesmo, considerável,

---

Society, 2, 1936, pp. 230-265; A correction, ibidem, 43, 1937, pp. 544--546 (Turing, 1936). Para a tradução francesa, cf. Turing, 1995a.

3. Citado pela primeira vez por A. Church em seu relatório — cf. Turing, 1936 — publicado em The Journal of Symbolic Logic, 2, 1937, pp. 42--43. Quanto a Turing, para designar sua máquina, ele utiliza a expressão "Logical Computing Machine" (LCM [Máquina lógica de computação]); cf. Longo, 2002, nota 2.

4. "The Chemical Basis of Morphogenesis" [A base química da morfogênese], in Turing, 1952.

5. "Computing Machinery and Intelligence" [Computadores e inteligência), in Turing, 1950a. De acordo com J. Lassègue, a tradução francesa (cf. Turing, 1995b) é desafortunadamente incorreta.

mesmo que ela não faça justiça à problemática desenvolvida no texto, que havia sido escrito em um contexto de pesquisa biomatemática em relação com a morfogênese. Parece-me mais criterioso não projetar sobre esse texto o que ocorrerá posteriormente porque um projeto de grande coerência é esboçado desde que sejam colocados em perspectiva os três artigos mencionados: com a ajuda do conceito lógico de máquina de Turing, trata-se, no caso biológico, de determinar as causas químicas responsáveis pela constituição das formas biológicas; e, no caso do estudo do pensamento, de determinar as causas do comportamento inteligente. *Nesses três textos, o que constitui o fundamento do projeto científico de Turing é a possibilidade da reconstrução física e mental do ser humano*: tal é o ponto de vista que pretendo defender neste livro. Veremos que ele implica múltiplas consequências inesperadas quanto ao estatuto que se deve atribuir ao artigo filosófico que serve, de alguma forma, de pivô à articulação do primeiro texto com o segundo.

Ao considerar o breve itinerário intelectual de Turing — apenas vinte anos[6] —, temos a impressão de que esses três artigos foram escritos quase à margem de sua atividade científica, e de que ele não dedicou todo o tempo à sua disposição para elaborar essas novas vias de pesquisa. Turing não escapou do contexto de sua época: durante a Segunda Guerra Mundial, ele foi membro do serviço britânico encarregado da decodificação das mensagens criptografadas da marinha alemã, e ele continuou ao longo de sua vida uma carreira como matemático "clássico", o que acabou indubitavelmente por afastá-lo de seus centros de interesse pessoais. Como matemático, ele participou desse paciente trabalho que constitui a extensão do conhecimento na área da matemática, feito de resultados

---

6. O primeiro artigo é publicado em 1935; o último, em 1954.

parciais acumulados no decorrer dos anos e gradualmente ligados uns aos outros; desse modo, ele obteve certo número de resultados técnicos em domínios bem determinados da pesquisa. Seus trabalhos originais foram feitos em situação de "franco-atirador", longe das equipes de pesquisa já constituídas e das instituições, tendo encontrado matéria para refletir em seu próprio acervo de conhecimentos. Vamos nos questionar adiante sobre a fonte de sua inspiração. Por enquanto, observemos que esta o confinou em certo isolamento: Turing nunca chegou a integrar-se a um grupo ou a uma instituição, e seus raros ex-alunos afirmam atualmente que o professor mantinha com eles um contato difícil, e que seu ensino era marcado por uma insofismável falta de pedagogia. Ele permaneceu um solitário que não estava minimamente preocupado em encontrar um público na área científica, tampouco em fundar uma escola.

2. Trabalhos de Turing no acúmulo do saber matemático

O procedimento de Turing na área matemática ainda continua sendo a busca de posicionar-se do ponto de vista da *efetividade do cálculo*, ou seja, do ponto de vista não só de sua simples possibilidade, mas das condições práticas de sua realização.

Por "computável", entende-se intuitivamente o resultado de uma operação que redunda na determinação exata e completa de um número. Na verdade, o conceito de "computável" foi sendo aperfeiçoado desde a Antiguidade grega, e três eventualidades foram detectadas: a primeira, correspondente à intuição que temos dessa noção, consiste em encontrar, na sequência de uma operação que compreende um número *finito* de etapas, um resultado *exato* e *completo*; por exemplo, (1 + 1) ou $\sqrt{9}$ conduzem, após uma operação que exige um número finito de etapas, a um resultado exato e completo. A segunda consiste em encontrar, na sequência de uma operação que compreende um número finito de etapas, um resultado *próximo a qualquer grau de aproximação decidido antecipadamente*; por exemplo, é possível calcular a expansão decimal de $\sqrt{2}$ que é infinita independentemente de qual seja o grau de aproximação (por exemplo, uma aproximação com seis algarismos). A terceira, por sua vez, corresponde à do "incomputável" para o qual *não se tem os meios* de encontrar, na sequência de uma operação que compreende um número finito de etapas, um resultado próximo de um grau qualquer de aproximação. Neste caso concreto, é mais difícil fornecer exemplos pelo seguinte motivo: a própria exibição de um número indica que existem meios à nossa disposição para calculá-lo. Convém, então, passar por um raciocínio indireto graças ao qual fique comprovado que uma família de exemplos é incomputável. Mais adiante, voltaremos ao assunto: observemos que, de um ponto de vista geral — e ao contrário do que poderia ser suposto intuitivamente —, é possível afirmar que o domínio do computável é a exceção, e não a regra, como ficou demonstrado pelos trabalhos teóricos relativos aos conjuntos. Esse fato capital, na área matemática, acabou sendo claramente identificado mediante o aperfeiçoamento da noção de "função".

Uma função é o estabelecimento de correspondência entre um conjunto de partida e um conjunto de chegada, mas nada indica que existam meios à nossa disposição para descrever tal operação pelo cálculo. Uma função é chamada *computável* se seu valor, para qualquer número computável no conjunto de partida, é um número computável. Uma das tarefas essenciais da pesquisa, na área da matemática, consiste, portanto, em encontrar o meio de abordar, pelo cálculo, certo número de funções. Esse tipo de pesquisa é denominado *análise numérica*: trata-se de encontrar métodos algorítmicos que permitam descobrir os elementos característicos que tornem possível o cálculo aproximado da função estudada. Por exemplo, a função $\sqrt{x}$ definida sobre o conjunto dos números reais que, a qualquer x escolhido no conjunto dos números naturais, faz corresponder sua raiz $\sqrt{x}$, descrita a qualquer grau de aproximação decidido antecipadamente, é uma função *computável*, já que é sempre possível exibir o resultado único do estabelecimento de correspondência entre x e $\sqrt{x}$.

O campo de estudo da análise numérica é, portanto, o primeiro e o segundo caso do "computável", tal como acabamos de descrevê-los; nesse domínio é que Turing aprimorou determinadas técnicas e obteve certo número de resultados[7] — embora seu nome tenha ficado inscrito na história da matemática em decorrência do terceiro caso, ou seja, o do incomputável.

---

7. Além dos artigos publicados que serão estudados neste livro, um manuscrito ("A Note on Normal Numbers", reproduzido em Turing, 1992a, pp. 117-119) sobre a noção de número normal — cuja definição é, neste momento, irrelevante para nós — descreve perfeitamente o ponto de vista do cálculo, tal como ele é adotado por Turing: "Embora saibamos que quase todos os números são normais, ninguém conseguiu fornecer até agora um exemplo de número normal. Proponho mostrar como é possível construir tais números e demonstrar que quase todos os números são construtivamente normais." O que ele continua pretendendo, portanto, não é apenas produzir novos resultados, mas também confirmar resultados já conhecidos, posicionando-se do ponto de vista da efetividade do cálculo.

2.1. Um resultado promissor

O primeiro resultado de Turing na área matemática é obtido no verão de seus quinze anos (1927); mesmo que não tivesse sido original, esse trabalho é uma ilustração do tipo de matemática que despertava sua atenção. Durante esse período, as notas medíocres de Turing na escola e sua falta de interesse pelas matérias ensinadas — ele já havia sido dispensado da aula de grego por não ter adquirido as bases mínimas desse idioma — tinham atingido tal proporção que se cogitava em retrogradá-lo de um ano e, até mesmo, em expulsá-lo.[8] Sem qualquer ajuda, ele descobre então uma fórmula de cálculo que aproxima a série infinita da função tangente inversa, cuja expressão, para $x = 1$, é

$$\tan^{-1}(1) = \frac{\pi}{4}$$

A fórmula encontrada por ele é do tipo:

$$\tan^{-1}(x) = x - \frac{x^3}{3} + \frac{x^5}{5} - \frac{x^7}{7} + \dots$$

Por seu intermédio, o cálculo de um número real — no caso presente, π — torna-se efetivo. Em seu âmago, encontra-se a noção de *número real computável*: esse será um dos campos científicos mais trabalhados por Turing, no qual ele manifestará, menos de dez anos mais tarde, uma genialidade original ao inventar sua "máquina".

Essa primeira descoberta aparece, retrospectivamente, como decisiva na medida em que dá testemunho da

---

8. Nesse momento, o diretor da escola em que ele estudava fez a seguinte afirmação: "*Se ele deseja permanecer em uma escola regular, seu objetivo deve ser o de tornar-se educado. Se pretende ser apenas um cientista especializado, ele está desperdiçando seu tempo aqui.*" Citado em Hodges, 1983 [2014], p. 26.

orientação geral de seu pensamento. Do ponto de vista biográfico, a história tem um desfecho favorável: Turing não teve que retroceder um ano na escola, nem foi expulso, porque o professor de matemática opôs-se a tal postura. Aliás, não seria a única vez em que a matemática lhe permitiu transpor *in extremis* as barreiras da instituição.

2.2. Turing em Cambridge: 1931-1936

Turing ingressa no King's College de Cambridge, em 1931, para seguir o curso de matemática; ele permanece nessa instituição até 1936, ano em que viaja para Princeton, nos Estados Unidos, cuja universidade frequenta durante dois anos.

Esse período corresponde a uma virada na história intelectual da Europa: o nazismo decapita a pesquisa na Alemanha e, em seguida, na MittelEuropa, em decorrência de uma "desjudaização". É o começo do exílio dos cientistas, judeus ou não judeus, os quais encontram refúgio em outros lugares: na Europa e, em particular, na Grã-Bretanha (Schrödinger) ou nos Estados Unidos (Einstein, Von Neumann, Weyl, Noether, Lefschetz, Gödel, Born e Courant). E é, muitas vezes, o Institute for Advanced Studies de Princeton que acolhe esses cientistas europeus: a Europa perde sua posição predominante no mundo científico e a língua alemã deixa de ser utilizada para as principais produções científicas. O destino da Alemanha, na área da matemática, ficou tragicamente desativado durante os anos de aprendizagem de Turing, o qual experimentou de forma indireta as consequências de tal situação: o exílio dos cientistas de língua alemã permitiu-lhe seguir, entre outras matérias, os cursos do físico e matemático germano-britânico, além de Prêmio Nobel de

Física, em 1954, Max Born (1882-1970), sobre a mecânica quântica, assim como do matemático germano-estadunidense, Richard Courant (1888-1972), sobre as equações diferenciais.

No momento em que Turing ingressa no King's College, seu interesse está focalizado na análise numérica em vários domínios da pesquisa: o cálculo das probabilidades, a estatística, a teoria dos números e a teoria dos grupos. Vamos aprofundar a análise desses domínios.

2.2.1. Cálculo das probabilidades

No outono de 1933, Turing segue o curso de metodologia científica do astrofísico britânico Arthur S. Eddington (1882-1944), em que este utilizava a noção clássica de "curva normal"[9], que permite explicar as regularidades estatísticas. Tal curva, que representa a lei estatística chamada "normal", possui propriedades (densidade, continuidade, simetria) que facilitam sua manipulação, em particular, para o estudo das distribuições de amostragem, assim como para as estimativas e para os testes.

No caso do estudo das regularidades relativas aos fenômenos naturais — os casos estudados pela física —, a utilização dessa curva é menos direta pelo seguinte motivo: se é possível associar ao fenômeno estudado uma variável aleatória, a lei que rege o comportamento dessa variável aleatória é raramente normal. Daí a importância do "Teorema central do limite" — ou "Teorema do limite central" — que permite abordar a lei que segue a soma de

---

9. Chamada também "curva em forma de sino" ou "de Gauss", ela representa as variações da função:

$$y = e^{-x^2}$$

n variáveis aleatórias independentes, relacionando-a com a lei normal para as ciências naturais.

Turing procedeu à demonstração do "Teorema central do limite" em fevereiro de 1934 — sem saber que esse teorema já havia sido provado, em 1922, pelo matemático e estatístico finlandês Jarl W. Lindeberg (1876-1932) — e apresentou sua nova prova como "dissertação"[10] para solicitar uma bolsa de pesquisa. Ele acabou por obtê-la em março de 1935, no termo de seu curso: Turing tornava-se "fellow" de sua faculdade, o que lhe dava uma liberdade total, durante três anos, oferecendo-lhe ao mesmo tempo a possibilidade de um alojamento. Ele aproveitaria grandemente essas circunstâncias para suas pesquisas, sem perder seu interesse em relação às probabilidades e à estatística, do ponto de vista da análise numérica.

2.2.2. Teoria dos números

A maneira como Turing procurou resolver os problemas relativos à teoria dos números tem a ver com o cálculo das probabilidades. Nessa parte bastante abstrata da matemática pura que é a teoria dos números, Turing interessou-se realmente pelos números primos — números divisíveis por si mesmos e por 1 — e por suas surpreendentes propriedades: seu número é infinito e, sendo bastante numerosos entre os pequenos inteiros menores, eles se tornam "raros" à medida que se procede à análise de inteiros cada vez maiores. A razão de natureza matemática que explica sua distribuição é um problema crucial da

---

10. O título: "On the Gaussian error function". Somente o prefácio desse trabalho foi reproduzido em Turing, 1992a, pp. XIX-XX; cf. igualmente <http://www.turingarchive.org/browse.php/C/28>.

teoria dos números; ora, uma vez que foi abandonada a expectativa de encontrar a fórmula algébrica simples que permita enumerar todos os números primos ou enumerá-los todos até certo limite, os pesquisadores mostraram interesse por sua distribuição média, ou seja, ao grau de probabilidade que se tem de encontrar um número primo entre os grandes inteiros.

No final do século XVIII, Carl F. Gauss (1777-1855) — matemático, astrônomo e físico alemão — havia encontrado o meio de descrever a "rarefação" dos números primos ao estabelecer a relação entre o aspecto errático da distribuição desses números e a função logaritmo[11]: os números primos distribuem-se em um ritmo semelhante ao do crescimento da função logaritmo (mais exatamente, o espaço entre dois números primos na proximidade de um número n aumenta como o logaritmo natural de n). Existe certo paradoxo em estabelecer a relação entre a distribuição dos números primos que são entidades individualizadas e isoláveis — "discretas", de acordo com a terminologia dos matemáticos — e uma função que permite a medição de uma grandeza contínua como a função logaritmo, considerando que os primeiros são algo de *discreto*, enquanto a segunda tem a ver com o *contínuo*. Mas compreende-se que esse assunto tenha despertado o interesse de Turing, uma vez que se trata ainda de um problema de aproximação numérica, baseando-se na relação entre o aspecto discreto dos números inteiros e o aspecto contínuo dos números reais. Em meados do século XIX, o matemático alemão Georg F.

---

11. É possível descrever a função logaritmo como a expressão de uma relação entre a progressão geométrica das potências do mesmo elemento (por exemplo, a sequência: 1, 2, 4, 8, 16, 32, 64...) e a progressão aritmética de seus expoentes (no exemplo escolhido, $1 = 2^0$, $2 = 2^1$, $4 = 2^2$, $8 = 2^3$...). Tal relação constitui uma medida tão aproximada quanto possível de uma grandeza contínua.

Riemann (1826-1866) tinha demonstrado que a distribuição dos números primos adotava uma linha geral de natureza logarítmica com um grau de erros extremamente baixo e havia proposto uma medida desse grau de erros ao aventar a hipótese — chamada posteriormente "Hipótese de Riemann" — segundo a qual o problema equivalia a mostrar que determinada função, a chamada *zeta*, tomava o valor zero apenas em relação a certos pontos que formam uma reta no plano complexo; em seguida, os pesquisadores deram-se conta de que a hipótese segundo a qual os números primos deveriam tornar-se raros conforme uma medida indexável a partir da função logaritmo tinha tendência a sobrevalorizar a quantidade de números primos. No entanto, em Cambridge, entre as décadas de 1910 e 1930, o matemático britânico J. E. Littlewood (1885-1977) tinha observado que existiam pontos em que, contrariamente ao que era previsto, não se verificava a hipótese da sobrevalorização. Em 1933, ainda em Cambridge, Stanley Skewes (1899-1988) — matemático sul-africano e aluno de Littlewood — tinha demonstrado que, se a "Hipótese de Riemann" fosse verdadeira, deveria existir, antes de um número extremamente grande, um ponto a partir do qual se operava uma subestimação do número em pauta.[12]

Ao confrontar-se, em 1939, com a "Hipótese de Riemann" e com o problema da subestimação da quantidade dos números primos, Turing — de acordo com sua maneira de abordar as coisas —, começa por procurar a avaliação, do ponto de vista numérico, da função *zeta* com a ajuda de um novo método.[13] Nesse mesmo ano, ele tenta

---

12. Esse número é $10^{10^{10^{34}}}$. Cf. Hodges, 1983 [2014], p. 135.
13. Turing, 1943, pp. 180-197, reproduzido em Turing, 1992a, pp. 23-40. O manuscrito contém certo número de erros que serão corrigidos, mais tarde, por A. M. Cohen e M. J. E. Mayhew.

diminuir o número de Skewes: um manuscrito — cuja escrita se deve, sem dúvida, unicamente a Turing, mas assinado também por Skewes[14] —, estabelece que, no caso de uma subestimação da quantidade dos números primos, é possível deduzir que esse número está compreendido em determinado intervalo numérico.[15] O mesmo manuscrito projeta reduzir o número de Skewes.[16]

Turing retorna, em seguida, ao objetivo fixado no artigo de 1939: equipado com seu novo método de avaliação numérica da função *zeta*, ele tenta fazer *efetivamente* o cálculo da função para determinado número de valores; nesse sentido, ele deve servir-se de uma máquina de calcular, porque os cálculos são impossíveis de executar manualmente. Na época, tais máquinas são de dois tipos: "digitais" que operam a partir das marcas interpretadas pelo ser humano como os signos dos números e que são limitadas às quatro operações; ou então "analógicas", que recriam um análogo físico — baseando-se em uma medida de comprimentos contínuos — da função matemática para calcular. Nesse momento, ele se dá conta da existência, em Liverpool, de uma máquina analógica, inventada pelo físico-matemático e engenheiro britânico Lord Kelvin (1824-1907), que permite predizer a altura das marés e que poderia servir para o cálculo da função *zeta*: tal máquina adiciona o número de ondas que compõem — cotidiana, mensal e anualmente — as marés, e essa adição equivale a calcular oscilações que têm determinados períodos, o que se assemelha ao cálculo dos valores da função (cf. Hodges, 1983 [2014], p. 141). Em seguida, ele obtém uma bolsa para a construção de uma máquina

---

14. Turing and Skewes, 1939. Cf. as observações de natureza histórica elaboradas pelo editor do tomo 4 de Turing, 2001, p. XIV.
15. Precisamente, entre 2 e $e^{e^{e^{686}}}$. Em um artigo publicado em 1968, Cohen e Mayhew corrigem este último número para $e^{e^{661}}$.
16. Trata-se de reduzir o número de Skewes até 10^{10^5}.

destinada à tarefa específica do cálculo da função *zeta*; tal operação, já bem avançada, é abandonada em decorrência da declaração de guerra, em setembro de 1939. Após a guerra (em junho de 1950) — no momento em que se tornou operacional o computador para a criação do qual, na Universidade de Manchester, ele havia contribuído —, Turing voltou a embrenhar-se no cálculo da função *zeta*, mas foi impedido, por uma falha do computador, a concluir com sucesso tal estudo para valores da função superiores a 1540. Entretanto, em 1953, ele publica um novo artigo sobre o cálculo dessa função (Turing, 1953a): nesse texto, ele lembra que o último matemático a ter calculado efetivamente os valores de tal função — o britânico E. C. Titchmarsh (1899-1963) — não tinha conseguido, em 1936, ir acima de 1468; em seguida, Turing descreve o contexto na área da matemática em que se inscreve sua pesquisa, ou seja, a modelização informática necessária para a solução numérica do problema e os dissabores de ordem prática que haviam marcado essa experiência, aliás, uma das primeiras na história da informática.

2.2.3. Teoria dos grupos

Pode ser surpreendente que Turing tenha mostrado interesse pela teoria dos grupos, a qual aparentemente não está focalizada sobre questões diretamente numéricas, nem sobre a questão da efetividade do cálculo. Na teoria dos grupos, com efeito, a noção de função é interpretada de um ponto de vista abstrato, considerando todas as permutações possíveis dos valores contidos em uma função. Esse estudo geral e abstrato das permutações permite vislumbrar a teoria das funções do ponto de vista estrutural: por um lado, a análise das permutações em um grupo torna-se um objeto de estudo completo, não se limitando, portanto, aos números como objetos privilegiados de investigação; por outro, do ponto de vista da interpretação numérica da teoria, a possibilidade da resolução de uma equação depende da escolha do domínio numérico em que essa equação está inscrita. Em outras palavras, a possibilidade da solução numérica de uma equação não é absoluta, mas relativa ao domínio em que ela está integrada. Tal solidariedade estrutural entre uma função e o domínio de sua resolução é fecunda de ensinamentos e exercerá influência sobre o itinerário de Turing pelo menos em três oportunidades.

Em primeiro lugar, ao ter conseguido traçar, em 1936, uma linha de demarcação entre os números computáveis e os não computáveis, Turing fornece realmente uma resposta para uma questão estrutural: o critério adotado não é o da resolubilidade das equações em domínios particulares, mas o da efetividade do cálculo. Em segundo lugar, o interesse de Turing pela teoria dos grupos aparece como um prolongamento daquele que ele manifesta pela teoria das funções; ora, nesse contexto, ele voltará a abordar — pelo menos no terceiro artigo dedicado a essa teoria — os problemas específicos formulados pelas aproximações de funções nos casos em que estas são necessárias. Em terceiro lugar, as aplicações não diretamente numéricas da teoria dos grupos afetam, no mínimo, dois domínios que serão estudados por Turing até o final de sua vida: a mecânica quântica e a criptologia. Na mecânica quântica, a teoria dos grupos permite caracterizar a noção de estado; por sua vez, na criptologia, essa teoria permite definir rigorosamente a noção de permutação e de invariância das permutações.

Turing começa suas pesquisas sobre a teoria dos grupos pelo aperfeiçoamento de um resultado obtido por

Von Neumann relacionado com as funções quase periódicas em um grupo (Turing, 1935), no momento em que este cientista, em Cambridge, no verão europeu de 1935, dá uma série de cursos sobre esse assunto; em vez de uma descoberta, trata-se sobretudo de um aprimoramento técnico, em seu entender, "de reduzida envergadura"[17], mas que o próprio Von Neumann não havia detectado. O segundo artigo relativo à teoria dos grupos — resultado de uma pesquisa empreendida em 1935 — foi publicado apenas em 1938: esse texto generaliza as pesquisas do algebrista alemão Reinhold Baer (1902-1979) sobre as extensões de um grupo, ou seja, sobre os domínios numéricos de resolução das equações.[18] No decorrer do ano de 1937, a teoria dos grupos torna-se, enfim, um assunto de interesse comum entre Turing e Von Neumann quando ambos voltaram a encontrar-se em Princeton. Nesse momento, Von Neumann chegou a propor a Turing um tema de pesquisa — que lhe havia sido apresentado por outro matemático emigrado, o polonês Stanislas Ulam (1909-1984) — sobre a teoria dos grupos: tratava-se de saber em que medida determinados grupos chamados "de Lie", que são de natureza contínua, poderiam ser aproximados pelas estruturas discretas que são os grupos finitos. A resposta de Turing[19] acaba sendo menos importante que sua observação segundo a qual o problema em pauta tem a ver com os assuntos apreciados por ele: a articulação, do ponto de vista do cálculo, das relações entre contínuo e discreto.

---

17. Cf. a "Introdução" de J. L. Britton (Turing, 1992b, p. X).
18. A proposta de Turing (1938, p. 2) consiste em "mostrar como o método de Baer — com a condição de que o grupo seja abeliano (do matemático norueguês N. Abel, 1802-1829) — pode ser utilizado para qualquer grupo".
19. Turing mostra que, se um grupo "de Lie" conexo é aproximável, então, ele é compacto e abeliano.

2.3. Turing em Princeton: 1936-1939

Turing decidiu viajar para Princeton após a descoberta capital que fez, em 1936, sobre a questão lógica da decidibilidade, que será abordada no próximo capítulo. Nessa matéria, seus principais interlocutores foram, em particular, o matemático norte-americano Alonzo Church (1903-1995), para a lógica matemática, e John von Neumann, para a teoria dos grupos. Foi-lhe oferecida então a possibilidade de permanecer um ano suplementar nessa instituição: inclusive, atribuíram-lhe a bolsa Procter, a qual lhe havia sido recusada antes de sua viagem. Turing ficou em Princeton, com o apoio de Von Neumann, essencialmente para redigir, sob a direção de Church, um doutorado sobre lógica matemática; em seguida, Von Neumann chegou a propor-lhe o posto de assistente, mas Turing recusou a oferta e voltou para Cambridge.

2.3.1. Observações sobre a lógica matemática

Quando Turing começa a trabalhar com Church, os resultados essenciais obtidos em 1931 pelo matemático austríaco naturalizado norte-americano Kurt F. Gödel (1906-1978) neutralizam totalmente a pesquisa sobre a lógica matemática. O artigo de Turing relativo à decidibilidade (1936) já havia clarificado definitivamente uma noção-chave presente no texto de Gödel, a de *cálculo efetivo*.

A investigação empreendida em Princeton (validada, em junho de 1938, como doutorado de lógica matemática) tem o objetivo de estabelecer em que medida a limitação interna inerente a qualquer sistema formal no âmago do qual é possível representar a aritmética — o que, a partir de Gödel, é designado como a *incompletude* de qualquer sistema formal — pode ser superada pelo menos localmente.

Nesse sentido, Turing constrói uma hierarquia de sistemas formais compostos de proposições homogêneas quanto a seu uso dos conectores lógicos — ou seja, quanto à ordem em que são colocados os conectores "existe" e "para tudo" — no âmago da qual é incluída, em cada etapa, uma proposição que era inacessível para o sistema formal da etapa precedente. Sem entrar nos detalhes técnicos, limitemo-nos a observar que, ao descrever as etapas da hierarquia estabelecida, Turing inclui a proposição que representa a função *zeta* de Riemann, que encontra assim seu lugar na classificação aritmética dos graus de insolubilidade — o que, na época, é um resultado notável em si mesmo. Trata-se de estudar a completude parcial de cada etapa engendrada por um sistema formal, além de verificar em que medida a superação local da limitação interna a determinado sistema formal pode ser estendida globalmente a toda a hierarquia. O interesse da abordagem de Turing, fadada a conhecer um futuro brilhante, reside na mudança metodológica que se torna seu motor: ao construir uma hierarquia aritmética dos graus de insolubilidade, Turing modifica completamente a percepção a respeito da noção de insolubilidade na medida em que esta se torna relativa ao sistema formal considerado. É bem possível que seu trabalho sobre a teoria dos grupos o tenha ajudado a realizar tal mudança de perspectiva, considerando que o objeto da teoria dos grupos consiste precisamente em definir os domínios de solução específicos em que determinadas equações podem ser resolvidas.

Ao que parece, teria ocorrido uma evolução da opinião de Turing (cf. Hodges, 1997, pp. 28-29) sobre a questão da superação dos limites internos aos formalismos; durante sua estada em Princeton, ele acredita — como é confirmado pela conclusão de seu doutorado —

em uma superação sempre possível desses limites internos pelos recursos da faculdade da intuição, capaz de servir-se de modalidades de raciocínio que não podem ser representadas pela noção de cálculo efetivo. Após a guerra, como veremos mais adiante, a mecanização da decodificação e a construção dos primeiros computadores, segundo parece, acabaram por convencê-lo a rejeitar essa solução ou, pelo menos, a deixar de preocupar-se com o assunto.

2.4. *Turing durante a Segunda Guerra Mundial: 1940--1945*

O trabalho empreendido por Turing durante a guerra, nos domínios da criptologia e da estatística, não é integralmente conhecido por nós: pelo fato de continuar parcialmente protegido por segredo de Estado, torna-se difícil proceder à sua apreciação.[20] Entretanto, sua importância é considerável se dermos crédito a D. Michie, um de seus colaboradores mais próximos, durante esse período: "Sem Turing", afirma ele, "a Inglaterra teria certamente perdido a guerra".[21] Vamos tentar então reconstituir esse trabalho.

---

20. Assim, um texto de Turing relativo a seu trabalho em criptografia foi desclassificado em 1996 pelo governo norte-americano; extratos desse documento encontram-se no portal que Andrew Hodges dedica a Turing, disponível em <http:// www.turing.org.uk/turing/>. Essa dificuldade de acesso relativamente às fontes incentivou os editores de *Collected Works* de Turing — cf. "Indicações bibliográficas" (Turing, 1992a,b,c; 2001) — a recorrer a artigos de seus colaboradores mais próximos, em particular, Irving J. Good (1916-2009), matemático e especialista em estatística britânico; esses textos foram acrescentados aos trabalhos de Turing propriamente ditos com o objetivo de fornecer alguns esclarecimentos sobre as diferentes facetas de suas pesquisas.
21. Entrevistado em 1992 no documentário "The Life and Death of the Strange Doctor Turing", da BBC Londres, dirigido por C. Sykes. Foi

O período da guerra deve ser dividido em duas partes, intercalado pela viagem secreta de Turing aos Estados Unidos, de novembro de 1942 a março de 1943. O primeiro período foi dedicado essencialmente à decodificação das mensagens criptografadas pela marinha alemã; por sua vez, o segundo período foi focalizado no aperfeiçoamento de um sistema de codificação da fala. Durante os cinco meses passados nos Estados Unidos, sabe-se que ele contatou tanto os especialistas norte-americanos de criptologia quanto os engenheiros da Bell Laboratories, especializados na tecnologia eletrônica — em particular, Claude Shannon (1916-2001), o fundador da teoria da informação.[22] Quando Turing chegou aos Estados Unidos, os engenheiros da Bell Labs estavam aperfeiçoando máquinas suscetíveis a codificar a fala humana: Turing apaixonou-se por essa matéria a tal ponto que, tendo retornado à Inglaterra, deu prioridade a seu estudo. Como a decodificação das mensagens da marinha alemã podia funcionar sem sua intervenção, além de utilizar daí em diante um número considerável de pessoas, ele se dedicou inteiramente ao aperfeiçoamento de sua máquina eletrônica capaz de criptografar a fala. Ele deixou Bletchley Park e instalou-se não longe desse local, em Hanslope Park, no qual existiam diversos laboratórios que realizavam pesquisas sobre a tecnologia das comunicações. A máquina tornou-se operacional em 1945, demasiado tarde para ser utilizada nas comunicações militares ou diplomáticas em grande escala; assim, ela foi deixada no esquecimento.

---

também pelos serviços prestados durante a guerra que, em junho de 1946, Turing recebeu a comenda de "Officer of the Order of the British Empire".

22. Como foi observado por L. Brillouin, a teoria da informação é de natureza estatística, e mede "a quantidade de informação fornecida por determinada operação (...), [além de ser] bastante semelhante à noção física da entropia clássica na termodinâmica". Cf. Brillouin, 1959, p. 1.

No entanto, sua construção permitiu que Turing se familiarizasse com a tecnologia eletrônica que haveria de tornar-se vital por ocasião do aprimoramento, no pós-guerra, do primeiro computador. A guerra exerceu, portanto, uma influência decisiva sobre Turing, levando-o a amadurecer certo número de suas ideias sobre a relação entre o *cálculo*, tal como ele é definido na lógica matemática, as *máquinas abstratas* que efetuam as operações de cálculo e as *máquinas físicas* que tornam possível essa execução por meio da tecnologia eletrônica: a conjunção desses três pontos é que daria origem à informática.[23]

2.4.1. A criptologia

De acordo com Turing, o sistema de codificação, através do qual as mensagens são criptografadas, pode ser comparado às leis do universo; e as chaves de codificação, a suas constantes (Turing, 1948, p. 40). A criptologia pode estabelecer a relação entre o mundo abstrato da lógica e da estatística, por um lado, e, por outro, o mundo físico: ela é, portanto, um domínio relacionado aos

---

23. Não é certo que, no período anterior à guerra, Turing tenha tido plena consciência da extraordinária generalidade do que ele próprio havia concebido, precisamente porque o vínculo entre os diferentes domínios de pesquisa em questão ainda não tinha sido estabelecido, nem por ele, nem por ninguém: nem mesmo por Von Neumann que foi, no entanto, o supervisor do projeto norte-americano de construção do computador no período imediato ao pós-guerra. Em uma carta de recomendação, escrita por Von Neumann em 1937 (reproduzida em Hodges, 1983 [2014], p. 131) para que Turing viesse a obter a Bolsa Procter, a fim de permitir-lhe permanecer em Princeton, Von Neumann nem chegava a falar de seu trabalho relacionado com a lógica sobre a teoria da calculabilidade, limitando-se a mencionar seus trabalhos mais técnicos sobre a teoria dos grupos.

interesses de Turing na área da matemática, da lógica e da física.

Os serviços de Turing foram contratados provavelmente em 1938, pelo governo britânico; seu nome teria sido indicado, sem dúvida, por um dos professores de King's College, o qual havia trabalhado pessoalmente, durante a Primeira Guerra Mundial, no domínio da criptologia e com quem Turing havia tido a oportunidade de discutir seu interesse por essa área de conhecimento no decorrer de um jantar em tal instituição; tendo sido recrutado, sabe-se que o governo o enviou para seguir um curso de criptografia ensinado na Government Code and Cypher School (GC&CS), ou seja, o Serviço Britânico das Cifras.

Turing deu cursos de matemática em Cambridge até a declaração de guerra, em setembro de 1939; em seguida, ingressou nas instalações da GC&CS — nas quais permaneceu até novembro de 1942 —, que, por medida de precaução, haviam sido deslocadas para fora de Londres, em Bletchley, não longe de Cambridge, a fim de neutralizar eventuais bombardeios. Em breve, a *Blitz*[24] iria justificar tal mudança em plena zona rural inglesa. Durante esse primeiro período, o papel de Turing no que se refere ao esforço de guerra foi determinante: à frente de uma equipe de apenas dez pesquisadores, ele conseguiu decodificar, dia após dia, as mensagens codificadas em Berlim e enviadas por rádio para os submarinos alemães que faziam o bloqueio da Grã-Bretanha; desse ponto de vista, a "Batalha da Inglaterra" travou-se tanto nos espaços aéreo e marítimo quanto em Bletchley Park.

---

24. Em alemão, "relâmpago" — correspondente à contração da palavra alemã *Blitzkrieg* ("guerra relâmpago") — popularizada pelos ingleses: refere-se à campanha de bombardeios estratégicos, realizada na Segunda Guerra Mundial pela *Luftwaffe* — a aviação alemã — contra o Reino Unido, entre 7 de setembro de 1940 e 10 de maio de 1941. [N.T.]

O trabalho de decodificação tinha sido iniciado antes da guerra pelos poloneses: antes mesmo da chegada de Hitler ao poder, eles haviam constituído uma equipe composta, por um lado, de matemáticos competentes relativamente à teoria dos grupos e ao idioma alemão e, por outro, de engenheiros capazes de construir máquinas destinadas a decodificar.[25] A conjunção inédita entre a mecanização da informação e as competências na área da matemática e da linguística é que vai permitir aos poloneses renovar completamente os métodos de criptologia que, em sua maioria, datavam da Primeira Guerra Mundial. Conhecido como o "método do relógio", tal procedimento apoiava-se na descoberta, nas mensagens codificadas, de repetições discerníveis de letras chamadas, sem razão aparente, "fêmeas"[26], e cuja busca era mecanizada com a ajuda de máquinas eletromagnéticas chamadas Bombas; a repetição dessas letras é que fornecia informações sobre a maneira como a máquina, chamada Enigma, tinha operado a codificação. Após a invasão da Polônia, os matemáticos poloneses tinham continuado seu trabalho na França, graças ao Comandante Bertrand, um dos responsáveis da contraespionagem; em seguida, após a derrota francesa em 1940, eles tinham encaminhado seus resultados para os britânicos. Nesse momento, os serviços das forças armadas alemãs haviam complicado extremamente seus métodos de codificação, neutralizando a eficácia do "método do relógio". Turing acabou encontrando um método mais eficaz que se servia

---

25. Cf. Rejewski, 1981. Para qualquer questão relativa à decodificação das mensagens alemãs e do papel desempenhado pelos poloneses, pode-se consultar o portal de Lech Maziakowski: <http://www.gl.umbc.edu/~1mazia1/>.
26. Em polonês, "samiczka", termo que designa a fêmea dos animais por oposição ao feminino — "kobieta" — cujo uso é reservado à espécie humana. Meu agradecimento a Lech Maziakowski por esses detalhes linguísticos.

amplamente do cálculo das probabilidades e da lógica: ele baseava-se na comparação estatística das frequências nas configurações "fêmeas" e consistia em substituir a busca mecanizada do reconhecimento das letras fêmeas pela busca da contradição entre a repetição das letras de uma suposta palavra na mensagem — cujos vocabulário e forma eram relativamente padronizados — e a repetição das letras da mensagem codificada.²⁷ Ou, dito em outros termos, o método aperfeiçoado em Bletchley Park por Turing, diretor da Hut 8 — e pelo matemático e professor universitário britânico W. Gordon Welchman (1906--1985), diretor da Hut 6 — deixava de consistir apenas em operar o reconhecimento mecanizado da repetição para tentar, *por meios lógicos mecanizáveis*, limitar a explosão combinatória, eliminando de saída as possibilidades manifestamente incompatíveis entre si.

2.4.2. A estatística

De acordo com o especialista de estatística Irving J. Good — um dos colaboradores mais próximos de Turing durante a guerra —, o trabalho deste último na área da estatística ocorre nos anos de 1940-1941, durante os quais ele reinventou, de maneira completamente original, um método de análise estatística, ou seja, a *análise sequencial*, além de um conceito absolutamente determinante, fadado a conhecer um futuro brilhante: o de "informação", segundo o vocabulário de C. Shannon.

---

27. Cf. Good, 1992, e o portal de Nik Shaylor: <http://www.geocities.com/CapeCanaveral/hangar/4040/bombe.html>.

2.4.2.1. A análise sequencial

A paternidade da *análise sequencial* é atribuída, em geral, ao especialista em estatística húngaro Abraham Wald (1902-1950) — emigrado para os Estados Unidos ao ser perseguido por suas origens judaicas —, que havia desenvolvido um método para controlar a qualidade dos produtos manufaturados (os resultados de suas pesquisas foram publicados em 1947), e ao especialista em estatística britânico George A. Barnard (1915-2002), que trabalhava, durante a guerra, para o Ministério do Abastecimento. Para decidir se a qualidade de uma porção de peças é boa ou não sem ter de controlar todas as peças, operação que se tornaria demasiado dispendiosa, convém aventar duas hipóteses: a primeira, H (porção de peças defeituosas), e outra, não H (porção de peças não defeituosas), e ser capaz de escolher entre as duas hipóteses. As peças são testadas uma por uma, e a qualidade da porção é recalculada de cada vez sem estabelecer previamente o tamanho da amostra submetido ao teste de qualidade. Assim, após cada observação, o avaliador deve escolher entre as três ações seguintes: agir como se H fosse verdadeira; agir como se não H fosse verdadeira; solicitar outro teste. Trata-se de continuar a fazer o teste até um limiar sem multiplicar o número de testes em excesso; a dificuldade consiste em chegar a definir, por conseguinte, uma regra de interrupção para o teste de qualidade.

Ocorre que a seleção de um conjunto de bens manufaturados com a mesma qualidade pode ser assimilada com a aceitação de uma hipótese relativamente à significação de uma palavra contida em uma mensagem; nesse caso, a solução do problema consiste em servir-se da noção de *informação*.

2.4.2.2. O conceito de informação

O conceito de informação — na origem, tradução da expressão inglesa "weight of evidence" — refere-se ao "testemunho dos dados" ou ao "testemunho da experiência" e ao grau de crédito que pode ser atribuído a tal testemunho. Ele é, portanto, originalmente de natureza estatística e relacionado com a questão do peso que deve ser atribuído a determinada informação em um processo de inferência probabilística; é precisamente esse tipo de inferência que o pesquisador tem de construir no contexto dos problemas de decodificação. Turing utiliza a noção de "fator em favor da hipótese H dada pela informação ("evidence") E", fator pelo qual a probabilidade inicial da hipótese H deve ser multiplicada para obter a probabilidade final. Assim, torna-se possível controlar por meio de uma regra — chamada "de Bayes" — a probabilidade de realização da hipótese H, depois de ter obtido a informação E; essa regra fornece o meio de calcular uma probabilidade *a posteriori* a partir de uma hipótese *a priori*. O conceito de "força" ou "peso" da informação permite assim conhecer a dimensão do controle relativo à hipótese H, calculada em termos de relação de verossimilhanças. À unidade de medida do "peso da informação", Turing deu o nome de "ban"[28]; por sua vez, o "deciban" foi definido como *a menor mudança diretamente perceptível para a intuição humana.*[29]

---

28. Com efeito, os cálculos necessários à operação chamada "banburism" eram efetuados em folhas de papel provenientes da cidade inglesa, Banbury.
29. Cf. Good, 1979, p. 394. Essas duas unidades de medida eram tomadas de "empréstimo" à teoria acústica na qual são utilizadas as notações de "decibel" e de "bel", definido como o logaritmo de base 10 da relação entre duas intensidades de som. Na teoria da informação de Shannon, o "deciban" é substituído pela noção binária de "bit", mas ambas as teorias são praticamente equivalentes.

2.5. Turing depois da guerra: 1945-1954

Os últimos anos da vida de Turing foram dedicados essencialmente a dois projetos científicos: a construção do computador e a constituição de uma teoria da morfogênese. No dia 1º de outubro de 1945, ele foi contratado pelo National Physical Laboratory (NPL), situado em Teddington; nesse laboratório, tentou criar um departamento de matemática com o objetivo de construir uma calculadora eletrônica que haveria de tornar-se o primeiro computador britânico.[30]

Turing passa dois anos no NPL; em seguida, devido a dificuldades de ordem administrativa e técnica, tira um ano sabático e retorna a Cambridge para o ano universitário 1947-1948. Tendo compreendido que o projeto de construção de um computador, tal como ele o havia concebido, não terá condições de ser realizado no âmbito do NPL, ele pede demissão e aceita, em 1948, o convite da Universidade de Manchester, instituição em que tinha sido constituído um novo grupo de pesquisa, comprometido na construção de um computador, sob a direção de seu ex-professor de lógica em Cambridge, Max Newman (1897-1984), o qual tinha participado também, durante a guerra, da decodificação dos códigos alemães, além de ter adquirido uma competência na utilização das máquinas eletrônicas. Turing integra-se ao grupo de pesquisa com um estatuto de "Professor-pesquisador em Teoria do Cálculo", concebido especialmente para ele; aliás, esse foi o último cargo de Turing, ocupado até 1954.

---

30. Ao voltar dos Estados Unidos — país que ele tinha visitado para verificar a amplitude do progresso dos trabalhos norte-americanos relativamente à construção do computador, colocada sob os auspícios de Von Neumann —, o diretor do departamento, o matemático J. M. Womersley, afirmou que tinha visto o "Turing em *hardware*" durante sua visita...

Em 15 de março de 1951, Turing foi eleito para a Royal Society; o relatório destinado à sua escolha, assinado por Max Newman e pelo filósofo Bertrand Russell (1872-1970), menciona seu trabalho de 1936 sobre os números computáveis, o que levará Turing a dizer ironicamente "[que] não teria sido possível ser aceito na Royal Society com 24 anos" (Hodges, 1983 [2014], p. 438). Tal reconhecimento simbólico por parte da prestigiosa instituição coincide com o fim do interesse de Turing pelas questões relativas à informática teórica: após sua última conferência de julho de 1951, ele dedica-se inteiramente à morfogênese. As questões de modelização matemática relacionadas às ciências naturais vão levá-lo a renovar seu interesse pela física, em particular, pela mecânica quântica. Na verdade, ele não se satisfaz com a forma apresentada, na época, por essa mecânica; no entanto, não conseguirá concluir seu projeto. Sob a pressão de um estrito controle policial e militar em decorrência de sua homossexualidade — na época, vive-se o clima da guerra fria —, Turing suicida-se em 7 de junho de 1954 com 42 anos.

3. Visão científica do mundo elaborada por Turing

Turing distingue três níveis de realidade, cada um deles relacionado com disciplinas científicas.

3.1. O nível material

O nível fundamental é o nível material, estudado pelas ciências naturais (física, química, biologia). Por sua vez, Turing contribuiu para a química e para a biologia, graças à sua teoria da morfogênese, mas certamente não teve tempo para dedicar-se à física — na adolescência, ele pretendia aprofundar as pesquisas de Einstein (1879-1955) sobre a relatividade: no momento de sua morte, ele estava envolvido com a mecânica quântica.[31]

De acordo com Turing, no âmago da natureza "tudo se move continuamente" (Turing, 1950a, p. 439): é, portanto, esse movimento contínuo que deve ser considerado como primitivo, contrariamente aos modelos abstratos que dão conta do processo do movimento pelo viés de estados discretos que se limitam a ser suas aproximações.[32]

3.2. O nível matemático

O nível matemático, concebido essencialmente como uma ferramenta a serviço do conhecimento da natureza, possui um grau de realidade menor do que a matéria. Assim, a diferença entre matemática pura e matemática aplicada teria sido considerada por Turing como inadequada, porque as investigações sobre os conceitos abstratos são, em seu entender, o único meio de tornar inteligível a natureza em suas dimensões física, química e biológica. Observemos que a matemática pode utilizar ferramentas discretas e contínuas para estudar a natureza, que, por sua vez, é contínua. Contínuo e discreto aparecem, portanto, como instrumentos a serem utilizados criteriosamente segundo as circunstâncias: para descrever localmente estados sucessivos, o ponto de vista discreto parece ser, na maioria das vezes, o mais apropriado; em compensação, ao considerar globalmente uma "variedade contínua"

---

31. A mãe de Turing — que escreveu uma biografia do filho em 1959 — chegou a pensar que ele estava prestes a fazer uma descoberta fundamental nesse domínio.
32. A escolha como termo primitivo desse "movimento contínuo" está relacionada, sem dúvida, às hipóteses continuístas na física relativista, como deveriam ser elucidadas na época de Turing por Eddington, cuja obra era conhecida por ele desde a adolescência. Cf. supra 2.2.1.

(cf. Turing, 1948, p. 109) de estados ou de elementos que, por isso mesmo, não são diferenciados, prevalece o ponto de vista continuísta.

3.3. O nível lógico

O terceiro nível é o da linguagem, formalizada pela lógica matemática; todos os enunciados — independentemente do fato de emanarem das ciências naturais ou da matemática — devem referir-se a esse nível para serem plenamente admissíveis. Não se trata, para Turing, de reduzi-los a proposições lógicas que seriam as únicas perfeitamente objetivas; aliás, ao contrário de B. Russell ou do filósofo austríaco naturalizado britânico L. Wittgenstein (1889-1951)[33], ele não advoga uma opinião filosófica particular relativa aos fundamentos da ciência. Em compensação, defende vigorosamente pontos de vista sobre os fundamentos psicológicos da investigação científica; daí a importância, para ele, do nível lógico que provém de seu aspecto, sobretudo subjetivo, e não tanto objetivo. De fato, qualquer raciocínio deve ter a possibilidade de se referir ao nível lógico porque, para Turing, *a mente é uma máquina lógica*, cujo encadeamento de ideias deve obedecer a uma norma, a do cálculo efetivo; eis por que seu procedimento científico consiste sempre em tentar posicionar-se do ponto de vista da efetividade do cálculo. Daí resulta que *a determinação tanto da natureza quanto da mente pode ser abordada mediante o mesmo formalismo*. Essa postura terá consequências capitais para o projeto de constituição de uma "ciência da mente".

---

33. Seu seminário em Cambridge sobre os fundamentos da matemática foi seguido episodicamente por Turing, que acabou deixando de assistir a esse curso (cf. Monk, 1990, p. 421).

Esse formalismo consiste em levar em consideração apenas a materialidade das fórmulas — os diferentes traços que elas fazem no papel — e suas regras de encadeamento. Limitar-se à materialidade da escrita implica, então, um ponto de vista *discreto*: os signos são discretos porque as variações da respectiva forma não acarretam variações do signo. Assim, as fórmulas abstratas da linguagem científica, tais como elas podem ser formalizadas pela lógica, visariam à *"exportação" geral em direção à esfera do discreto* daquilo que não depende dessa ordem. Em Turing, existe, portanto, uma *tensão essencial* entre uma física *continuísta* e sua descrição lógica pelo viés de uma linguagem escrita *discreta*; para ele, resolver esse conflito consiste em mostrar que o fosso entre o contínuo e o discreto é *compensado por um acréscimo sempre possível de escrita formal*. Por isso mesmo, o objetivo pretendido por Turing só é acessível pelo fato de ser possível coletar no âmago de fórmulas compostas de símbolos específicos o que lhes é, por definição, inacessível: o contínuo não linguístico que subentende a aparição de formas estabilizadas no seio do real físico, químico ou biológico.

Assim, o caminho entre uma física continuísta e sua investigação humana por meio de uma linguagem discreta passaria, em Turing, por uma reflexão sobre a escrita formal; aliás, de maneira original, como veremos, essa reflexão associa símbolos abstratos e mecanismo.

II
A lógica do cálculo

O primeiro artigo fundamental de Turing — "On Computable Numbers with an Application to the *Entscheidungsproblem*"[1] — tem a ver com a lógica matemática propriamente dita, abordando a caracterização geral da noção de *número computável* e sua aplicação ulterior a um caso particular, ou seja, o problema lógico de "Entscheidung".[2]

Na década de 1930, a lógica matemática ainda não formava um ramo de pleno direito do saber matemático, como é o caso atualmente. Max Newman (1897-1984) — professor encarregado do curso opcional dessa disciplina em Cambridge — era especialista de topologia[3]; tendo estudado os fundamentos da teoria dos conjuntos[4], como base de sua especialidade, ele foi levado a abordar esse domínio conexo. O curso da primavera de 1935 — seguido por Turing — intitulava-se "Fundamento da matemática" e havia sido concebido em uma óptica hilbertiana: com efeito, Newman tinha assistido ao

---

1. Cf. cap. I, § 1.
2. Palavra alemã que, nesse contexto, significa "decisão" e, de uma forma geral, "arbitragem".
3. Estudo das propriedades invariantes por deformação das figuras geométricas.
4. Estudo das propriedades relativas às coleções finitas e infinitas de objetos.

Congresso Internacional da Matemática de 1928, em Bolonha, durante o qual o matemático alemão David Hilbert (1862-1943) tinha renovado seu questionamento relativo aos problemas ainda em aberto dos fundamentos da matemática (cf. Hilbert, 1928); entre eles, contavam-se quatro de importância capital, analisados mais adiante. O curso de Newman expunha tais problemas e as soluções encontradas para alguns deles, enquanto os outros — tais como o "Entscheidungsproblem" ou problema da decisão — ainda não tinham sido resolvidos: a solução para este problema foi encontrada por Turing ao mesmo tempo que Church, mas por vias bastante diferentes.[5]

1. Contexto lógico-matemático das décadas de 1920 e 1930

1.1. A teoria dos conjuntos e o raciocínio efetivo

A reformulação da lógica no século XIX está relacionada com o surgimento de um novo contexto na área da matemática, caracterizado em suas grandes linhas pelo estabelecimento de uma teoria geral, a *teoria dos conjuntos*, apta a explicar a matemática em sua integralidade. A originalidade profunda dessa teoria vem da interpretação proposta por ela a respeito da noção de *infinito*.

A lógica clássica baseava-se, em grande parte, no uso não inteiramente refletido da intuição dos objetos em

---

5. Ao entregar seu artigo a Newman, Turing não tinha conhecimento do trabalho de A. Church (1903-1995), publicado nos Estados Unidos em 15 de abril de 1936. Aliás, não houve querela de prioridade, na medida em que os conceitos estabelecidos por Church e Turing eram suficientemente diferentes para que houvesse qualquer dúvida a respeito da originalidade das duas abordagens. Cf. Church, 1936.

domínios finitos, da qual emergia uma concepção do infinito que se apoiava em uma extrapolação dos raciocínios válidos no domínio do finito para o domínio do infinito da sucessão: daí resultava a necessária distinção entre o infinito potencial e o infinito atual, legitimada pelo pressuposto de que o acesso ao raciocínio era reservado unicamente ao "finito". Nessa postura, havia uma petição de princípio tornada visível pela teoria dos conjuntos, ao estabelecer regras que permitiam manipular com proveito os conjuntos — incluindo o *transfinito* —, sem recorrer à intuição. Essa nova maneira de conceber o infinito como algo atual, sem opô-lo a um infinito somente potencial, levava em consideração o fato de que, no século XIX, tinha sido generalizada a prática matemática de raciocínios chamados "não construtivos", ou seja, raciocínios que incidem sobre objetos, cujo controle não estava estabelecido em uma série finita de etapas.[6]

O debate instaurado nesse momento incidia sobre a legitimidade do uso de raciocínios não construtivos na matemática e, ao mesmo tempo, desencadeava uma controvérsia

---

6. Como exemplo, vejamos o "Teorema do valor intermediário", forjado por B. Bolzano (1781-1848): "Para uma função definida a partir do conjunto dos números reais, uma função contínua de uma variável x que é positiva para determinados valores de x e negativa para outros, em um intervalo contínuo fechado, $a \leq x \leq b$ deve ter o valor 0 para um valor intermediário de x."

Se a função é contínua e, ao mesmo tempo, acaba trocando de sinal, ela deve passar por 0. Mas o ponto para o qual $f(x) = 0$ não é construído *efetivamente* pela demonstração porque esta não fornece nenhum método que permitisse a aproximação ao enésimo decimal em um número *finito* de etapas, em que se situa o ponto em questão. O ponto em que se anula a função é apenas deduzido indiretamente por meio de um princípio herdado da lógica clássica, o "terceiro excluído", segundo o qual a alternativa possível é unicamente aquela que é exibida pela demonstração. Ora, a herança da lógica clássica estava sendo precisamente questionada e já não havia nenhuma certeza de que fosse possível conservar tal qual o uso desse princípio quando o raciocínio viesse a incidir sobre conjuntos transfinitos.

sobre a natureza da relação entre o finito, o infinito potencial e o infinito atual no cerne do raciocínio matemático. Todos os especialistas de matemática chegaram a um acordo no sentido de interpretar o raciocínio no finito, ou no infinito da sucessão, como uma "zona de segurança" a partir da qual o uso de princípios de raciocínio construtivos ou não construtivos era deixado à discrição de cada um. Constituíram-se, portanto, escolas diferentes, praticando a matemática baseada em concepções que não se assemelhavam ao que era aceito como legítimo. Àqueles que não rejeitavam utilizar os recursos do transfinito nos diversos domínios em que seu uso viesse a impor-se incumbia a tarefa lógica de controlar o transfinito através do finito; aos outros, competia, por um lado, mostrar em que medida os novos conhecimentos não construtivos da matemática do século passado podiam ser reinterpretados em um sentido construtivo e, por outro, privilegiar o aspecto construtivo na investigação matemática. Para todos, embora com meios diferentes, tratava-se de constituir uma lógica *finitária* do raciocínio matemático e de seus prolongamentos lícitos: a questão de saber o que devia ser entendido por raciocínio construtivo estava no centro do debate; ora, ao abordar o domínio da lógica matemática, Turing soube tirar partido desse contexto de tal forma que, para ele, a noção de construção *efetiva* foi identificada sempre com um cálculo.

1.2. A estratégia metamatemática de Hilbert

Com a pretensão de continuar utilizando os recursos demonstrativos fornecidos pelo uso do infinito atual, os especialistas de matemática esbarravam na dificuldade considerável que consistia em encontrar o meio de controlar o transfinito a partir de regras finitas. Entre eles, David Hilbert — líder da pesquisa matemática mundial após a morte do matemático, físico e filósofo da ciência francês H. Poincaré (1854-1912) — elaborou uma estratégia baseada em um novo uso da *axiomática* e da noção de *modelo*. Esse novo uso apoiava-se em uma interpretação inédita da partilha entre o ideal e o real no âmago das proposições na área da matemática.

1.2.1. A concepção clássica da axiomática

Desde Euclides de Alexandria (c. 300 a.C.), tinha sido possível apresentar todas as proposições conhecidas da geometria em uma *axiomática*, grupo de proposições suficientes para engendrar, de maneira lógica, todas as outras proposições do domínio em questão. Esse grupo de proposições, chamadas ulteriormente "axiomas", era composto de dois subgrupos: o primeiro refere-se a noções lógicas contidas em todas as ciências — por exemplo, o todo é maior que a parte —, enquanto o segundo contém proposições não demonstradas ou postulados próprios ao domínio da geometria: por exemplo, o famoso quinto postulado segundo o qual só é possível traçar uma paralela a determinada reta. No decorrer do tempo, o procedimento axiomático havia sido consideravelmente estendido, em particular à geometria, área em que outras axiomáticas, fundadas na negação do postulado das paralelas, tinham sido construídas, o que tornava pouco plausível a crença de Euclides segundo a qual sua axiomática do espaço incluía o espaço físico.

Tal multiplicação das axiomáticas suscitava o problema das relações entre elas. No período anterior a Hilbert, as axiomáticas haviam sido consideradas grupos de proposições ideais que mantinham relações internas unicamente lógicas. Para decidir se um grupo de axiomas era legítimo, ou seja, não produzia proposições contraditórias — caso em que ele se tornaria *inconsistente* e, por conseguinte, sem interesse —, seria necessário recorrer a uma representação ou "modelo" intuitivamente plausível do grupo de axiomas estudado: por exemplo, nos axiomas não euclidianos estabelecidos pelo matemático alemão B. Riemann (1826-1866) para explicar a curvatura do espaço, o "plano" poderia ser interpretado *grosso modo* como a "superfície" de uma meia esfera euclidiana, o "ponto" como um ponto sobre essa superfície, a "reta" como um arco de grande círculo sobre essa superfície, etc. Assim, no caso da axiomática de uma geometria não euclidiana, o fato de encontrar aí um modelo euclidiano mostrava que era possível dar crédito ao que, aparentemente, limitava-se a ser uma construção ideal, já que se via a maneira como interpretá-lo, pelo menos indiretamente: com efeito, mostrava-se que, se existia uma contradição na geometria não euclidiana, nesse caso, existiria também outra na geometria euclidiana. O raciocínio apoiava-se, portanto, no pressuposto de que *a geometria euclidiana era não contraditória*.

A generalização do procedimento axiomático para grupos de axiomas formando teorias que não eram diretamente intuitivas — por exemplo, o caso das geometrias não euclidianas — tinha fortalecido, por conseguinte, a convicção segundo a qual as axiomáticas eram entidades ideais, cuja não contradição baseava-se na não contradição da geometria euclidiana. A lógica era assimilada, então, a um procedimento de verificação externa, e suas propostas eram ideais por natureza; no entanto, elas não exigiam ser interpretadas através de modelos na medida em que, por um lado, eram consideradas como exteriores ao procedimento matemático e, por outro, suas proposições fundamentais não eram axiomatizadas. Essa maneira de vislumbrar tanto a natureza da axiomática quanto o papel da lógica teve consequências diretas sobre o estatuto de dois domínios da matemática.

Em primeiro lugar, formulava-se a questão da natureza da geometria euclidiana, a qual poderia ser dividida em duas partes: para começar, se do ponto de vista lógico todas as geometrias fossem equivalentes, nesse caso qual seria a geometria de nosso próprio espaço *percebido* e por que motivo a geometria euclidiana desempenharia aí um papel proeminente? Em seguida, se a geometria euclidiana continuou servindo como pedra de toque para toda a geometria, teria sido necessário atribuir-lhe uma primazia de natureza cognitiva ou seu papel teria sido apenas o resultado de uma história contingente?

Em segundo lugar, o transfinito era inacessível à intuição, e mesmo sendo possível concebê-lo idealmente, era impossível atribuir-lhe uma interpretação, o que condenava seu uso pelo fato de ser suscetível sempre de tornar-se contraditório. Em seus diferentes domínios, a matemática deveria, portanto, restringir-se à sua própria ordem, a do conceito — definido como *acessível ao pensamento* e *não empírico* — e buscar interpretações reais, permitindo corroborar o aspecto não contraditório das axiomáticas ideais.

Hilbert, por sua vez, pretendia conservar a possibilidade de utilizar o transfinito e, ao mesmo tempo, chegar ao controle de seu uso do ponto de vista conceitual, ou seja, finitário[7]; para isso, ele acabou renovando completamente a interpretação recebida da axiomática, propondo uma nova maneira de conceber a partilha entre ideal e real.

1.2.2. A concepção hilbertiana da axiomática

O objetivo de D. Hilbert consistia em mostrar o seguinte: do mesmo modo que a geometria era incontestavelmente

---

7. Cf. Hilbert, 1922, p. 136: "Permanecer no terreno finitista, trata-se, portanto, de conseguir a manipulação sem restrições e o controle total do transfinito."

algo do domínio da matemática, ou seja, da ordem do conceito, assim também deveria ocorrer com o transfinito.

Hilbert começou por indicar com precisão o estatuto da geometria. Com efeito, era possível interpretar, por meio de modelos algébricos, as axiomáticas das diferentes geometrias: não havia, portanto, nenhuma razão para acreditar que a geometria fosse menos "ideal" que a álgebra. Na geometria plana, por exemplo, era possível interpretar o "ponto" como a significação de um par de números; a "reta" como uma relação linear explicitada por uma equação do primeiro grau com duas incógnitas, etc. Para ter a certeza de que a axiomática de uma geometria não produzia proposições contraditórias, o desvio externo pela relação com a geometria euclidiana era decretado, portanto, inoperante. Hilbert mostrou, então, que se impunha imaginar um *desvio "interno" à própria matemática*. Ele demonstrou, por exemplo, que a não contradição da geometria cartesiana baseava-se, de fato, na não contradição dos números reais: assim, o problema relativamente à consistência de uma axiomática teria sido deslocado para outra axiomática e reduzido a uma axiomática mais fundamental, a da aritmética dos números reais e inteiros. Em uma etapa posterior, Hilbert mostrou que esse deslocamento, que permite provas de não contradição relativa de uma axiomática em relação à outra, reduz-se finalmente à prova de não contradição absoluta unicamente da aritmética dos inteiros (cf. Hilbert, 1917). Se a não contradição da aritmética dos inteiros — tal como ela havia sido axiomatizada pelo matemático italiano G. Peano (1858-1932), mediante certas adaptações — tinha sido demonstrada, seria possível deduzir daí a não contradição de todas as outras axiomáticas. Mas era necessário chegar à demonstração dessa não contradição: ora, o problema parecia insolúvel na medida em que o *número*, conceito básico de qualquer aritmética, não poderia ser reduzido a qualquer outra coisa, de modo que as tentativas de redução da noção matemática de número à noção lógica de conjunto — atribuídas por Hilbert a G. Frege (matemático, lógico e filósofo alemão,1848-1925) a R. Dedekind (matemático alemão, 1831-1916) e a B. Russell (matemático, lógico e filósofo britânico, 1872-1970) — pareciam-lhe ser inoperantes. Impunha-se, portanto, chegar à comprovação da não contradição da aritmética sem sair seja da matemática — como havia sido tentado mediante a busca de provas intuitivas de consistência —, seja da aritmética — como havia sido tentado pelo viés da noção de conjunto. Para conseguir isso, Hilbert transformou integralmente a noção de interpretação de uma axiomática — e, portanto, também o que se entendia por ideal e real — para qualquer axiomática em geral.

Ele começou por distinguir duas espécies de axiomáticas: aquela *com conteúdo*, a que tinha sido sempre praticada, seja por Euclides em relação à geometria, seja por Peano para a aritmética; e a *formal*. Na primeira, é possível encontrar duas espécies de proposições: *finitistas*, ou seja, verificáveis por procedimentos efetivos; e *ideais* que não são verificáveis por esse meio. Nesta última categoria, estão incluídas as proposições que incidem sobre o transfinito nas quais os símbolos lógicos — "Existe" e "Para tudo" — referem-se aos indivíduos de um domínio transfinito: por exemplo, as proposições relativas ao contínuo. Hilbert pensava ser capaz de eliminar tais proposições graças à segunda axiomática e mostrar por esse viés que, mediante seu uso nas axiomáticas com conteúdo, não resultava a contradição. A segunda axiomática é sem conteúdo, ou seja, inteiramente formal. Encontra-se aí uma só espécie de proposição: trata-se de proposições *sem nenhuma interpretação* que formam um sistema, pautado unicamente pela inferência lógica concebida como procedimento efetivo.[8] Nesse tipo único de proposições, são codificados os signos tanto matemáticos quanto lógicos: assim, todos os signos seriam tratados da mesma maneira, e todas as proposições estariam submetidas a um modelo comum, reduzindo-os a serem apenas conjuntos de signos materiais de escrita.

Por sua vez, a axiomática formal, constituída por fórmulas finitárias, visava, portanto, engendrar uma réplica do domínio de validade da axiomática com conteúdo, constituída por proposições finitárias e transfinitas: *se a réplica fosse fiel*, seria possível acalentar a expectativa de responder, diretamente, à questão da não contradição da axiomática formal e, indiretamente, à questão da não contradição das axiomáticas com conteúdo. Na axiomática formal, os axiomas adquiriam, então, um novo sentido: eles eram caracterizados unicamente pela *forma* dos enunciados que introduzem propriedades. Em vez de reduzir a matemática à lógica — o que deixava intato um conteúdo de significação na noção de conjunto —, tratava-se de eliminar a própria significação dos enunciados para permitir a utilização conjunta das réplicas tanto do conceito de número quanto dos conectores lógicos — deste modo, a lógica torna-se também "formal" em um novo sentido. Assim, o binômio real/ideal estabelecer-se-ia segundo uma nova partilha: enquanto anteriormente o ideal remetia a um *defeito* das proposições que impedia sua interpretação porque elas não *podiam* ser intuicionadas, contrariamente às proposições reais, agora as proposições formais eram ideais porque elas não *deveriam* ser interpretadas e, ao mesmo tempo, reais na medida em que eram percebidas *somente* como conjuntos materiais

---

8. Conviria afirmar, para ser mais exato, que a significação é *limitada* ao reconhecimento dos símbolos materiais — mais especificamente à classe de equivalência de cada símbolo material — e à regra de uso de tais símbolos.

de signos escritos: símbolos, esquemas, esboços, em suma, todos os signos encontrados habitualmente nos artigos de matemática ou de lógica. Assim, as questões relativas à natureza e ao poder da axiomática formal não diriam respeito a um domínio entre outros da matemática, mas referem-se à natureza da matemática em todas as suas facetas, assim como ao que o matemático tem o direito de esperar relativamente à resolução de todos os problemas de matemática em geral.

Nesse caso, uma questão capital deveria ser resolvida: de que modo garantir a fidelidade relativamente à réplica formal da axiomática com conteúdo? Do ponto de vista das fórmulas, a parte mais difícil consistia em constituir réplicas das proposições transfinitas[9]; do ponto de vista das regras de dedução das fórmulas, conviria também garantir que a dedução viesse a operar-se sempre de maneira efetiva. Seja qual for a definição exata que venha a ser fornecida à expressão "procedimento efetivo" — a qual constituirá justamente a verdadeira originalidade do trabalho de Turing, como veremos mais adiante no § 2 ("A noção de cálculo") —, um aspecto pode ser, desde já, sublinhado no âmbito da axiomática formal implementada por Hilbert. À questão "de que modo garantir que as deduções de fórmulas a partir dos axiomas se efetuem sempre de maneira efetiva em um número finito de etapas?", eis a resposta de Hilbert: é necessário que a efetividade relativa ao procedimento de inferência *dentro do* sistema formal, obtida por uma réplica formal de uma regra escrita de construção, esteja também presente *fora* dele na manipulação do sistema formal operado pelo

---

9. Eis o que suscita, entre outros, o delicado problema relativo ao controle da hipótese do contínuo, a qual havia sido proposta, desde 1878, por G. Cantor (1845-1918); cf. Hilbert, 1925, p. 237. E também o vol. 25 da col. "Figuras do Saber", *Cantor*. São Paulo: Estação Liberdade, 2011.

matemático. Mas esta última só pode ser legitimada por uma *disciplina do pensamento*, e não mais por uma regra escrita. Eis por que Hilbert tem necessidade de enunciar a tese filosófica segundo a qual *a mente funciona de maneira efetiva*, "finitista":

> [...] é porque nosso pensamento é finitista; ao pensarmos, desenrola-se um processo finitista. (cf. Hilbert, 1922, p. 140)

Esse finitismo do pensamento, ou seja, sua redução à efetividade de um procedimento — supostamente capaz de controlar o infinito pelo viés do formal entendido no sentido da metamatemática — é que constitui o pano de fundo do pensamento formalista de Hilbert. Verifica-se, portanto, que a raiz da *identificação da mente com um procedimento efetivo "finitista" é uma consequência necessária da estratégia metamatemática*, tal como ela foi definida por esse matemático.

Desse sistema inteiramente formal — na medida em que ele não era interpretado — é que se procurava saber se as fórmulas formavam um sistema não contraditório. Para estabelecer essa não contradição, a qual teria repercussões sobre a aritmética, a estratégia de Hilbert consistia em tentar produzir uma prova de impossibilidade: pressupunha-se a existência de uma contradição entre os axiomas do sistema formal e mostrava-se que tal pressuposto era em si mesmo contraditório. É justamente por intermédio de provas de impossibilidade que dois jovens matemáticos, com apenas 25 anos, Gödel e Turing, solaparam os objetivos derradeiros da estratégia metamatemática de Hilbert, tal como ele a tinha apresentado nomeadamente no Congresso de Bolonha, em 1928, e que foi designada retrospectivamente como o "Programa de Hilbert".

1.2.3. Os limites internos da axiomática formal: 1931-1936

Em Bolonha, Hilbert tinha proposto três problemas ainda em aberto à sagacidade dos outros matemáticos.[10] Esses três problemas diziam respeito ao estatuto da axiomática formal que serve de réplica à aritmética dos inteiros: em primeiro lugar, será que a axiomática formal é *completa* no sentido de que qualquer fórmula pode ser demonstrada ou refutada por ela? Em segundo lugar, será que a axiomática formal é *consistente* no sentido de que nenhuma fórmula contraditória pode ser engendrada nela a partir dos axiomas? E, em terceiro lugar, será que a axiomática formal é *decidível* no sentido de que existe um método efetivo para decidir se uma fórmula qualquer é verdadeira ou falsa? Com certeza, já reconhecemos, na terceira questão, o enunciado do "Entscheidungsproblem", ou problema da decisão, que é objeto do trabalho de Turing.

A expectativa de Hilbert consistia em conseguir fornecer respostas positivas em todos os casos: a axiomática formal é *completa* (por engendrar todos os teoremas); é *consistente* (engendra apenas os teoremas); e é *decidível* (existe um procedimento efetivo para decidir se uma fórmula qualquer é, ou não, um teorema). As três respostas são, de fato, negativas: às duas questões iniciais, foram fornecidas respostas pelo matemático e lógico austríaco-húngaro naturalizado norte-americano K. Gödel (1906-1978); quanto à terceira, a resposta foi dada em conjunto por Church e Turing.

A resposta à primeira questão foi fornecida em dois tempos: desde 1928, Hilbert anunciou que W. Ackermann (matemático alemão, 1896-1962) e ele próprio

---

10. Cf. Hilbert, 1928. Na realidade, Hilbert apresentou quatro problemas, mas agrupei dois deles em um só.

pensavam estar em condições de fornecer a prova da resposta positiva à questão da completude para a parte da axiomática formal chamada "cálculo dos predicados da primeira ordem", demasiado restrita para formalizar a aritmética.[11] De fato, foi em 1929 que K. Gödel comprovou a completude dessa parte da axiomática formal (cf. Gödel, 1929). O mesmo Gödel demonstrou em 1931 que uma axiomática formal suscetível de servir de réplica à aritmética dos inteiros é estruturalmente incompleta: pode-se demonstrar que há um "resto" aritmético que escapa à axiomática formal independentemente do que venha a ser produzido pelas evoluções axiomáticas ulteriores (cf. Gödel, 1931). Daí impunha-se a conclusão de que a demonstrabilidade de um enunciado não era estritamente equivalente à sua verdade, visto que um teorema — um enunciado verdadeiro — podia ser verdadeiro sem ser dedutível dos axiomas: tornava-se necessário estabelecer, no âmago da axiomática formal, a dissociação entre a dedutibilidade de natureza *sintática* e a verdade de natureza *semântica*. Do ponto de vista filosófico, a consequência mais aparente dizia respeito à passagem do finitismo metamatemático para o finitismo do pensamento: tal passagem perdia o caráter de pressuposto necessário que eventualmente tivesse em Hilbert.[12]

---

11. Os quantificadores lógicos "Existe" e "Para tudo" incidem aí sobre variáveis de indivíduos.
12. Gödel chegou inclusive ao ponto de considerar o seguinte: o que havia facilitado a produção de teoremas finitários de metamatemática, tal como seu teorema da incompletude, era o uso de raciocínios não finitários no pensamento; para ele, a relutância em utilizar raciocínios não finitários no pensamento é que está na origem do fato de que o teorema da incompletude esperou até o ano de 1931 para ser demonstrado quando, afinal, Gödel o considera como uma "consequência quase trivial" de um artigo do especialista norueguês em lógica T. Skolem (1887-1963), demonstrado desde 1922, mas que lhe havia passado despercebido por não ter deixado de lado o ponto de vista estritamente finitário. Cf. Gödel, in Wang, 1974, p. 8.

A resposta à segunda questão foi também fornecida em duas etapas. Ainda em Bolonha, Hilbert anunciou que W. Ackermann e J. von Neumann (matemático húngaro de origem judaica, naturalizado norte-americano, 1903--1957) tinham conseguido provar a consistência da axiomática formal. De fato, Gödel expôs em 1931 — no mesmo artigo da demonstração da incompletude — que a consistência da aritmética também não podia ser demonstrada no âmbito da axiomática formal, se fossem respeitados os procedimentos efetivos, como era exigido pelo método metamatemático entendido no sentido estrito.[13] Impunha-se, portanto, reduzir as expectativas acalentadas por Hilbert em relação tanto à estratégia metamatemática tomada no sentido estrito, quanto ao método axiomático em geral, ou esperar, como Gödel — a partir de uma profunda modificação do ponto de vista sobre a axiomática —, uma superação dos limites internos relativamente à completude e à consistência (cf. Gödel, 1972, p. 306).

Mas, em vez de nos determos agora nas respostas a essas questões, devemos nos debruçar sobre o procedimento seguido por Gödel, o qual será adotado à sua maneira por Turing. Com efeito, tal método é bastante original e consiste em operar uma aritmetização da metamatemática: de Hilbert a Gödel, passa-se da construção de uma axiomática formal para a construção de uma aritmética formal. Mas não haverá aí um retorno à *significação*? Como se justifica esse retorno à aritmética, já que na metamatemática a axiomática só é formal pelo fato de ter-se livrado de qualquer interpretação e por apresentar-se como uma simples réplica fidedigna

---

13. Provas da consistência da aritmética que utilizavam meios menos restritivos que o do procedimento efetivo foram apresentadas desde 1936; aliás, o próprio Gödel propôs uma dessas provas em 1958.

da axiomática com conteúdo? Isso ocorre porque o instrumento dessa fidelidade pode precisamente ser o *número*. O movimento de replicação pode avançar, então, nos dois sentidos: uma vez constituída a axiomática formal, esta pode — precisamente pelo fato de já não ter significação — ser recodificada de maneira rigorosa sob a forma de números. A aritmética dos inteiros é submetida, portanto, a uma dupla transformação: em primeiro lugar, abstrai-se daí o aspecto formal por meio de uma axiomática sem conteúdo e recodificam-se esses signos não interpretados, simples signos escritos no papel, sob a forma de números. A qualquer signo não interpretado da axiomática formal pode ser atribuído um número único, e todas as fórmulas ou sequências de fórmulas da axiomática formal recebem assim um número específico — designado posteriormente como "número de Gödel" — que é próprio a cada uma. Desse modo, torna-se possível codificar sob a forma de uma relação aritmética — submetendo-se às leis da aritmética — as relações de inferência entre axiomas e teoremas. Os números servem, assim, de réplicas a proposições que incidem sobre os números. Sobrepõem-se, portanto, duas interpretações sobre esses mesmos números: uma interpretação metamatemática e uma interpretação aritmética. Por esse viés é que a axiomática formal pode tornar-se um *cálculo formal* e que uma passarela pode ser construída entre a teoria da demonstração e a teoria da aritmética.

Esse ponto capital será aprofundado por Turing na resposta à terceira questão de Hilbert. Mas, para conseguir mostrar o modo como ele forneceu a prova de que se devia responder "não" à questão de saber se existia um procedimento efetivo suscetível de decidir se qualquer fórmula é, ou não, um teorema, ainda será necessário ter uma ideia exata do que se deve entender por "procedimento efetivo". Em relação a esse aspecto é que Turing desenvolveu plenamente sua originalidade.

2. A noção de cálculo

O que é um cálculo? Apesar de ter sido utilizada desde sempre pelos matemáticos, tal noção não tinha sido objeto de uma investigação sobre ela mesma antes da década de 1920: ferramenta do procedimento matemático, ela não tinha se tornado objeto matemático. O ponto de vista metamatemático de Hilbert exigia que as ferramentas fossem concebidas como objetos. Nesse contexto, se houvesse a pretensão de resolver o problema da decisão, impunha-se ser capaz de caracterizar a própria noção de cálculo, ao encontrar uma tradução formal da noção: para começar, indica-se a maneira como a questão da definição dessa noção chegou ao primeiro plano, ao especificar as relações estabelecidas entre a noção de *cálculo* e as noções — que lhe são aparentadas — de *função* e de *algoritmo*.

2.1. Abordagem informal da noção de cálculo

2.1.1. Cálculo e função

A partir do surgimento da teoria das funções no século XVIII, a noção de cálculo foi associada ao conceito de função, considerada como equivalente a um procedimento de cálculo: a um valor numérico de x correspondia, por uma transformação efetuada pela função f, um valor $f(x)$. Mas o sentido da noção de função tinha evoluído progressivamente no decorrer do século XIX até o ponto de significar uma correspondência qualquer entre elementos de um conjunto de partida em direção a um conjunto de chegada sem que tivesse sido vislumbrado um procedimento efetivo de cálculo. Desde então, era necessário indicar com precisão a relação entre função e cálculo ao estudar se existia ou não um *procedimento* de cálculo para uma função particular de inteiros; no caso da existência desse procedimento para a função em questão, esta última é chamada *computável*.

A classe das funções computáveis é, portanto, uma subclasse da classe das funções. Uma das questões que essa subclasse suscita naturalmente é a de saber a maneira como circunscrevê-la, considerando que é possível que se consiga exibir um procedimento de cálculo para um problema que, até então, estava desprovido dessa operação. Assim, aparentemente, os limites dessa subclasse seriam moventes e, por isso mesmo, parcialmente indeterminados. Como seria possível conseguir a compreensão de todas as suas facetas? Impõe-se chegar a definir o que se entende por "procedimento de cálculo": essa é a dificuldade principal a superar quando se procura definir formalmente a noção de cálculo.

2.1.2. Cálculo e algoritmo

A noção de cálculo possui um equivalente técnico — mas ainda não formal — na noção de algoritmo. Por algoritmo, entende-se a lista de instruções que devem ser seguidas para atingir com êxito um resultado após um número finito de etapas. Desse ponto de vista, pode-se dizer que um algoritmo é uma receita que permite realizar um objetivo, à semelhança praticamente de uma receita culinária que permite obter um tipo de iguaria se as etapas de sua confecção forem seguidas sucessivamente. Mas um algoritmo não se limita a obter um resultado singular: pelo fato de ser um procedimento geral, ele permite responder a uma classe de questões relativas, por exemplo, ao fato de ser, ou não, um número primo. Existe, assim, um algoritmo que, *para todos os números*, permite responder à seguinte questão: "*n* é, ou não, um número primo?" É possível responder, pelo viés de um algoritmo, a essa classe de questões, embora ela seja infinita, visto que o valor de *n* pode ser escolhido no conjunto infinito dos inteiros.[14]

2.1.3. Cálculo e decisão no âmbito matemático e metamatemático

2.1.3.1. Decisão e algoritmo

Em que aspecto a noção de algoritmo está relacionada à questão da decisão?

Vejamos o caso de um algoritmo que permite calcular a expansão decimal do número π, que é infinita. Assim, damo-nos conta de que, graças ao algoritmo, torna-se possível responder, a respeito de π, a questões do tipo: qual é a 124ª decimal de seu desenvolvimento decimal? Ou, ainda: a 1.245ª decimal do desenvolvimento decimal de π será o algarismo 2? Basta prosseguir o desenvolvimento

---

14. Os algoritmos são conhecidos desde a Antiguidade como "o crivo de Eratóstenes"*, que permite encontrar os números primos. O termo "algoritmo" deriva do nome de um matemático de língua árabe, originário da Ásia Central — Al-Khwarizmi (c. 780-c. 850) —, que viveu na capital científica como foi Bagdá no século IX e a quem se deve nomeadamente o fato de ter transmitido dos matemáticos indianos a numeração de posição, além de ter escrito um dos primeiros tratados de álgebra — termo árabe que significa "redução", aliás, conservado tal qual pela Europa.
* Nascido em Cirene (276-194 a.C.), foi um matemático, gramático, poeta, geógrafo, bibliotecário e astrônomo da Grécia Antiga, conhecido por calcular a circunferência da Terra. [N.T.]

para responder à primeira questão até o 124º lugar e, para responder à segunda, até o 1.245º lugar e, em seguida, verificar se o algarismo que ocupa essa posição é realmente 2. Vislumbrada assim, a fórmula de cálculo engendra não somente a sequência das decimais correspondente ao desenvolvimento decimal do número, mas torna-se um *procedimento de decisão*, ou seja, um meio de responder por *sim* ou por *não* às questões que venham a ser formuladas relativamente ao desenvolvimento decimal do número analisado. Observemos que a questão da decisão só se torna verdadeiramente problemática quando se tem de abordar um conjunto infinito de casos porque é nessa situação que se deve encontrar um viés — no caso concreto, a noção de algoritmo — que permita responder a *todos* os casos. No que diz respeito a um conjunto finito, é sempre possível elaborar uma lista de todas as respostas, enquanto tal lista seria interminável no caso de um conjunto infinito.

No âmbito da axiomática formal e enquanto esta é capaz de representar o infinito dos números inteiros, o procedimento de decisão consiste em determinar se uma fórmula qualquer é, ou não, dedutível dos axiomas estabelecidos. A questão de Hilbert consiste, portanto, em saber se existe um *método algorítmico* que possa decidir se uma fórmula qualquer é, ou não, dedutível dos axiomas da axiomática formal.[15]

---

15. A expectativa, acalentada por Hilbert, de encontrar uma resposta positiva para o problema da decisão apoia-se no pressuposto epistemológico, extremamente importante e mais antigo que a estratégia metamatemática, ou seja, o da *resolubilidade de qualquer problema matemático*, já mencionado pelo matemático norueguês, N. Abel (1802-1829), em 1826: um problema matemático deve receber "uma forma de tal modo que seja sempre possível resolvê-lo, o que se pode fazer sempre com um problema matemático". A expectativa de encontrar uma solução positiva para esse problema equivale a esperar resolver *todos* os problemas ainda em aberto, reservando-se um tempo suficientemente longo: aliás,

2.1.3.2. Existência de um algoritmo de decisão

Três estratégias são praticáveis quando se procura determinar se existe algoritmo para determinado problema ainda em aberto. Em primeiro lugar, duas estratégias diretas: tenta-se encontrar o algoritmo em questão, ou este é considerado momentaneamente inacessível, acalentando a expectativa de encontrá-lo mais tarde por ocasião de progressos na área da matemática. Essas duas estratégias iniciais não apresentam qualquer dificuldade: que o algoritmo seja encontrado ou que o fracasso dessa descoberta seja concebido como apenas temporário, o pesquisador posiciona-se em uma perspectiva matemática que visa resolver gradualmente — reservando-se um tempo arbitrariamente longo — os problemas que possam surgir para os matemáticos. Finalmente, podemos vislumbrar uma estratégia indireta: é possível tentar a demonstração de que o algoritmo procurado não pode existir para o tipo de problemas em pauta. Em todos os domínios da matemática, existem demonstrações de

---

existem exemplos famosos que confirmam essa hipótese, tão importante para um racionalismo que poderia ser qualificado como otimista; o último foi a solução recentemente fornecida para a *conjectura de Fermat*, que levou mais de 350 anos para ser finalmente decifrada, e foi demonstrada em 1994 pelo matemático britânico A. Wiles (1953-). Em 1637, o matemático francês Pierre de Fermat (1601-1665) tinha enunciado a seguinte conjectura: $x^n + y^n = z^n$ não tem solução de valores inteiros positivos para n superior a 2. Na óptica de tal racionalismo, a estratégia metamatemática permite operar, de alguma forma, um atalho temporal: com efeito, se a resposta ao problema da decisão fosse positiva, isso significaria que qualquer problema matemático suscetível de ser expresso sob uma forma aritmética possui uma solução, e resta aos matemáticos encontrá-la, visto que ela existe, nem que fosse no termo de um tempo indefinidamente longo. Nesse caso, tal otimismo da racionalidade tornar-se-ia não mais uma simples hipótese, mas um princípio estabelecido, e seria conjugado, então, com um otimismo da vontade racional. Eis a razão pela qual Hilbert considerava que não havia "*ignorabimus* na matemática": daí a importância da solução do problema da decisão para sua filosofia matemática.

impossibilidade; vamos analisar aquela que está relacionada com o problema da decisão, exposta no último artigo publicado de Turing, "Solvable and Unsolvable Problems" [Problemas solúveis e não solúveis]; cf. Turing, 1954.

2.1.3.3. Ausência de um algoritmo de decisão: o caso dos jogos

Nesse artigo, Turing propõe o jogo como um modelo das questões axiomáticas, além de fornecer certo número de exemplos de jogos "decisionais" que podem ser representados como aqueles que exigem uma resposta para a questão formulada. Esse é o caso do jogo de tabuleiro, formado por uma estrutura rígida que comporta, por um lado, quinze quadrados marcados com algarismos, suscetíveis de serem deslocados para formar a sequência dos inteiros e, por outro, um espaço vazio que permite o deslocamento dos quadrados: ao partir de um estado em que os quadrados estão embaralhados, será que é possível, por meio de deslocamentos sucessivos, reposicionar os quadrados na ordem de crescimento dos inteiros? Assim, podemos nos formular uma verdadeira classe de questões em relação ao deslocamento dos quadrados e sermos levados naturalmente a nos questionar se existe um procedimento sistemático que permita obter resposta para essas questões. Ainda de maneira mais geral, podemos nos questionar se existe um procedimento sistemático permitindo classificar o que é possível fazer para um jogo de determinado tipo: em vez de responder "sim" ou "não" a esta ou àquela questão, tratar-se-ia de responder *de maneira geral*, construindo a classe tanto das respostas positivas quanto das respostas negativas. Observemos que esta última indagação que incide sobre a existência ou a não existência desse procedimento sistemático geral é em si mesma uma questão, uma "metaquestão", teria afirmado Hilbert. A resposta a essa metaquestão relativa à existência de um procedimento sistemático geral para determinado jogo é "não": eis o que, pelo viés de uma prova de impossibilidade, é demonstrado por Turing.

A prova consiste em mostrar que um procedimento de decisão é inacessível porque a existência de tal procedimento seria contraditória. Para proceder a essa demonstração, Turing reduz todos os jogos à sua forma característica: um ponto de partida, determinadas regras de substituição (por exemplo, permitindo deslocamentos) e um ponto de chegada (seja A, seja B). As posições dos jogos não ambíguos, ou seja, aqueles em que cada posição é engendrada de maneira única a partir das regras, podem então receber uma forma padronizada, representada por uma sequência de símbolos. Para construir sua demonstração, Turing baseia-se em dois fatos que se referem à relação entre os jogos e ao que se diz a propósito dos jogos.

Em primeiro lugar, qualquer procedimento sistemático que permitisse decidir a respeito da solubilidade de um jogo pode em si mesmo assumir a forma de um jogo — de algum modo, um metajogo — com um ponto de partida, determinadas regras de substituição e um ponto de chegada (seja A, seja B).[16] Esse jogo pode ser descrito segundo a forma padronizada J (R, P): "Jogo cujas Regras são descritas por determinada lista de símbolos e com a indicação do respectivo ponto de Partida."

Em segundo lugar, as regras de substituição e o ponto de partida desse jogo particular que é o metajogo *podem*

---

16. Cf. Turing, 1954, p. 17: "De fato, um procedimento sistemático é apenas um jogo em que nunca há mais do que um movimento possível para uma posição qualquer, e em que é atribuída uma significação ao resultado final."

ser descritos com os mesmos símbolos — cujo número deverá ser alterado para permitir a distinção de sua natureza. Assim, do ponto de vista da escrita, é possível identificar o jogo e o que é dito do jogo.[17] Pelo viés desse suplemento de escrita, torna-se possível fazer referência a um jogo particular, cuja forma é J (R, R), em que os símbolos correspondentes às regras de substituição são os mesmos dos símbolos correspondentes ao ponto de partida. Designarei esse jogo particular como um jogo "reflexivo".

A prova de Turing assume, então, a seguinte forma:
1. Toma-se o conjunto dos jogos de determinado tipo, cujo ponto de chegada seja A, seja B.
2. Nesse conjunto, isola-se um jogo x que é reflexivo e termina seja em A, seja em B.
3. No mesmo conjunto, presume-se que há um jogo y que pode decidir a respeito de x e tem a seguinte forma:
   — y termina em B se o jogo x termina em A.
   — y termina em A se o jogo x termina em B.
4. Isola-se um jogo y' que é reflexivo:
   — enquanto reflexivo, ele termina seja em A, seja em B.

---

17. Convém lembrar (cf. supra, § 1.2.2.) que, na estratégia metamatemática de Hilbert, o aspecto finitista do processo de inferência *dentro do* sistema formal só poderia ser legitimado por uma disciplina do pensamento *fora* do sistema formal, e não por uma regra explícita: eis por que o finitismo estava relacionado com o modo de funcionamento do próprio pensamento. A demonstração de Turing — tal como, antes dele, a de Gödel — mostra que, no entanto, existe o meio de reintroduzir a injunção finitista no sistema, se for levada em consideração a natureza da escrita: do ponto de vista da escrita, com efeito, a matéria dos símbolos é, por toda parte, a mesma, independentemente do fato de que estes se refiram ao ponto de partida do jogo ou a suas regras de substituição. A injunção finitista apoia-se, portanto, não tanto em uma evocação à natureza do mental, mas na natureza do processo de manipulação dos próprios símbolos, processo ao qual o pensamento deve submeter-se.

— enquanto ele decide a respeito de x, seu termo é em B se ele termina em A, e em A se termina em B.
5. O jogo y' é contraditório, portanto, ele inexiste.
6. Se inexiste, então, o jogo y também inexiste.
7. Ora, o jogo y deveria decidir a respeito da solução de x.
8. Portanto, não há procedimento sistemático geral que possa decidir a respeito da solução do jogo x.

Turing pode retornar, então, ao caso metamatemático.

2.1.3.4. Retorno ao caso metamatemático

Na sequência de sua demonstração, Turing observa que a obtenção de um teorema no âmago de uma axiomática formal é idêntica à obtenção de uma solução para determinado jogo:

> Terá sido possível, assim, tomar consciência do fato de que um jogo é algo mais importante que uma simples diversão. Por exemplo, a tarefa que consiste em demonstrar um teorema matemático no contexto de um sistema axiomático é um excelente exemplo de jogo. (cf. Turing, 1954)

Desde então, a questão da decisão em uma axiomática formal é redutível à questão de saber se um jogo possui, ou não, uma solução para qualquer partida. Ora, Turing acaba de demonstrar que esse não era o caso. Portanto, o caso axiomático — mais interessante que o do jogo visto que ele deve decidir a respeito de qualquer problema matemático — também não tem solução, *se soubermos encontrar um equivalente à noção de jogo não ambíguo, ou seja, se soubermos definir a noção de procedimento efetivo ou de cálculo.*

Verificamos o quanto a estratégia "indireta" — que se apoia em uma prova de impossibilidade, tal como a de Turing — é diferente das duas estratégias iniciais de natureza direta: no caso em que procuramos demonstrar que uma solução por meios algorítmicos é impossível, situamo-nos, com efeito, em uma óptica metamatemática que constitui verdadeiramente a noção de algoritmo em objeto matemático. Trata-se, então, de responder à seguinte questão: de que modo definir a noção de cálculo para garantir que esta ou aquela classe de problemas não tem solução algorítmica? O caso exige que seja delimitada exatamente a classe dos algoritmos com o objetivo de mostrar que nenhum elemento dessa classe, ou seja, nenhum algoritmo particular, é — tampouco será — uma solução para a classe de problemas em pauta.

A noção de cálculo, definida formalmente no âmbito da metamatemática, permitiria abordar, assim, em toda a sua generalidade, as questões de decisão: ela tornaria possível o estabelecimento de uma fronteira entre as classes de problemas suscetíveis de serem resolvidas por um cálculo e aquelas que, mediante demonstração, não podem, nem poderão, ser resolvidas de forma semelhante (cf. Mosconi, 1989, pp. 20-21); por conseguinte, tal noção permitiria *circunscrever com precisão a classe das funções computáveis*.

Se tivermos em mente as questões formuladas por Hilbert no Congresso de Bolonha, em 1928, estaremos em melhores condições para compreender agora o desafio suscitado pelo problema da completude da axiomática formal: para a parte da axiomática formal, cuja completude foi demonstrada por Gödel, todas as fórmulas do cálculo são acessíveis pelo viés de um método algorítmico; para a parte da axiomática formal, cuja incompletude foi demonstrada por Gödel, o mesmo procedimento não é verificável. Uma definição formal da noção de algoritmo tinha-se tornado, portanto, *absolutamente indispensável* a partir da descoberta, em 1931, de limites internos à axiomática formal. Estaremos em melhores condições para compreender igualmente o título do artigo de Turing de 1936 que incide sobre os "números computáveis": essa expressão parece ser, à primeira vista, bastante curiosa porque, finalmente, o caráter próprio do número não será o fato de aparecer em um cálculo e, por conseguinte, ser *computável*? A resposta é "não" e a estratégia metamatemática permitiu clarificar essa falsa evidência ao fornecer uma resposta negativa: com efeito, se as fórmulas da axiomática formal podem ser codificadas por números (aritmetização da axiomática formal) e se existem fórmulas da axiomática formal que não são engendráveis pelos axiomas (incompletude da axiomática formal), torna-se possível conceber *números não computáveis* que representam fórmulas inacessíveis da axiomática formal, com a condição de que haja acordo sobre a definição formal da noção de cálculo.

2.1.3.5. Procedimento construtivo, cálculo efetivo, instrução mecânica no âmbito metamatemático

No âmbito metamatemático, a questão da natureza do cálculo tornava-se, portanto, a da natureza do procedimento efetivo perseguido em um número finito de etapas. A aritmetização da metamatemática, tal como ela havia sido empreendida com sucesso por Gödel, tinha fornecido uma resposta parcial à questão: por procedimento efetivo convinha entender "cálculo" aritmético, o que subentendia que era conhecido com precisão o que se devia entender por cálculo aritmético...

Nas décadas de 1920 e 1930, houve tentativas para caracterizar a noção de cálculo: o cálculo é a intuição de um processo *construtivo* (cf. Weyl, 1921, p. 70), é o *efetivamente* computável[18] ou, ainda, é uma instrução *mecânica*. Essa maneira "mecanicista" de abordar a noção — na origem, simples qualificativo em um artigo de Von Neumann de 1927[19] — parece ter tido maior propagação na Grã-Bretanha que em outros lugares.[20] Desse detalhe também, Turing teria conservado uma lembrança: do ponto de vista da aritmetização da metamatemática, tal como ela havia sido operada por Gödel, *é o aspecto computável* — ou seja, mecânico — de um procedimento efetivo que é sua característica específica. Ao trabalhar, de novo, a analogia do cálculo

---

18. Cf. Herbrand, 1931, p. 210: "[...] todas as funções introduzidas deverão ser efetivamente computáveis para todos os valores de seus argumentos, por meio de operações descritas inteiramente de antemão."
19. Cf. Von Neumann, 1927, pp. 265-266. Ao falar da situação em que os diferentes domínios da matemática estariam posicionados se a estratégia metamatemática de Hilbert fosse confirmada, Von Neumann escreve a respeito desses diferentes domínios: "no lugar deles, haveria uma instrução absolutamente mecânica; com o apoio desta, qualquer um seria capaz de decidir, a partir de qualquer fórmula dada, se ela é, ou não, demonstrável".
20. Vamos encontrá-la, no mesmo ano (1928) do Congresso de Bolonha, utilizada em Cambridge pelo teórico dos números, G. H. Hardy (1877--1947); em seguida, por Von Newman, que apresentava dessa maneira a noção de procedimento efetivo em seu curso de lógica matemática de 1935, frequentado por Turing. Hardy declarava que não havia "evidentemente" nenhum procedimento mecânico que permitisse decidir se determinada fórmula é demonstrável ou refutável e que tal constatação deveria ser motivo de regozijo: "Vamos supor, por exemplo, que sejamos capazes de encontrar um sistema finito de regras que nos permitisse afirmar se uma fórmula qualquer é, ou não, demonstrável; esse sistema haveria de conter um teorema de metamatemática. Evidentemente, esse teorema não existe e isso é algo de positivo porque, se ele existisse, teríamos um conjunto mecânico de regras que nos permitiriam encontrar a solução de todos os problemas matemáticos e nossa atividade, enquanto matemáticos, deixaria de existir." Cf. Hardy, 1929, p. 16. Essa "evidência" exigiria quase dez anos de trabalho da comunidade formada pelos matemáticos, antes de ser comprovada por Turing.

como máquina, Turing conseguiu caracterizar precisamente a noção de efetividade. Eis o que lhe permitiu resolver, posteriormente e como "aplicação" — de acordo com o título de seu artigo de 1936 —, a questão formulada por Hilbert a respeito do problema da decisão.

3. A tese de Turing sobre a noção de cálculo

Definir formalmente a noção de cálculo exige que seja indicado com precisão o conteúdo formal da noção de "função computável"; com efeito, seu comportamento depende de um procedimento algorítmico. A dificuldade consiste em encontrar um equivalente formal da noção intuitiva de cálculo que seja suficientemente geral para estar em condições de abranger o domínio inteiro da noção intuitiva e apenas esse domínio.

3.1. Generalidade da análise do ato de calcular

Turing parte da noção intuitiva de cálculo e vislumbra a melhor maneira de fornecer sua caracterização formal. No início do artigo, o ponto de vista formal ainda não está, portanto, adquirido, e trata-se de mostrar o modo como é possível ter acesso a ele. Por sua vez, o ponto de vista metamatemático só será considerado ulteriormente, no decorrer do artigo.

3.1.1. A tese mecanicista de Turing

O equivalente formal fornecido por Turing à noção intuitiva de "computável por algoritmo" pode exprimir-se sob a seguinte forma: qualquer função para a qual foi possível encontrar com sucesso um algoritmo deve ser computável por uma "máquina" de determinado tipo, chamada "Turing"[21], cuja descrição será apresentada mais adiante. Por enquanto, observemos que tal definição permite estabelecer uma correspondência entre os algoritmos e as máquinas "de Turing": se alguém possui um algoritmo, deve também possuir a máquina de Turing correspondente a tal algoritmo. Assim as funções, para serem computáveis, deveriam ser "Turing-computáveis", ou seja, computáveis por "máquina de Turing". Em suma, de acordo com Turing, *seja qual for a amplitude* da classe das funções computáveis, todas elas devem ser "Turing-computáveis" para fazerem parte da classe em questão. A caracterização formal do cálculo equivale, portanto, a afirmar o seguinte: *qualquer função computável por um ser humano mediante um algoritmo pode ser computada por uma máquina de Turing.*

Essa caracterização formal do cálculo tem a ver com uma *tese,* e não tanto com uma definição: de acordo com seu pressuposto, o que se entende — e, sobretudo, o que será entendido — intuitivamente por cálculo acabará entrando sempre na órbita da caracterização formal em questão. Ora, para obter essa certeza, convirá procurar sempre estabelecer que uma função é computável por meio de tal algoritmo ao qual corresponde tal máquina de Turing. Por conseguinte, não há exibição de um critério automático de filiação à classe das funções computáveis: a tese possui um caráter dinâmico e apresenta-se como uma *exortação à busca da máquina de Turing adequada,* e não tanto como uma definição formulada uma vez por todas.

---

21. Cf. cap. I, § 1.

3.1.2. A noção de número real computável

Para caracterizar a noção de cálculo, Turing vai tentar responder à questão — "O que é um número real computável?" — e não à questão: "O que é uma função computável?" Turing adota aqui um ponto de vista pós-gödeliano ao reconhecer de saída que o ponto de vista metamatemático não consegue levar em consideração o aspecto inacessível da maioria dos números reais, em razão dos limites internos peculiares ao formalismo. Impõe-se, portanto, o estudo dos números reais para a delimitação do que é acessível ao cálculo, visto que existe a certeza *a priori* de que alguns desses números hão de escapar sempre a esse ponto de vista: assim, é no âmago desse conjunto de números que será mais fácil traçar os limites à calculabilidade.

Essa inacessibilidade de alguns números reais exige uma explicitação. No caso do cálculo dos números inteiros, possuímos a representação de exemplares particulares de números — tais como 1, 3, 7 ou 34 — e, ao mesmo tempo, uma operação, a de sucessor, que permite formar um inteiro natural qualquer. Da mesma forma, é possível caracterizar os números racionais — ou seja, as frações —, cujos desenvolvimentos decimais são periódicos. No caso dos números não racionais, possuímos o meio de calcular o desenvolvimento decimal não periódico para alguns desses números, tais como $\sqrt{2}$ ou π, mas não sabemos se é possível fazer tal operação com todos os números reais. A caracterização clássica dos números reais pode ser introduzida de várias maneiras equivalentes[22]: escolheremos

---

22. Existem, no mínimo, cinco: (1) por encaixamentos de intervalos de extremidades racionais; (2) como classes de equivalências de sequências de Cauchy*; (3) por meio de cortes nos racionais; (4) por meio de desenvolvimentos infinitos de frações decimais; (5) e ainda outra maneira, ou seja, a maneira intuicionista, que se limita a introduzir

aquela que aborda a introdução dos números reais pelo viés de seu desenvolvimento decimal porque essa foi a maneira privilegiada por Turing.

Podemos abordar alguns números reais por seu desenvolvimento decimal quando é possível definir tal desenvolvimento pelo viés de equações de determinado tipo (equações algébricas ou transcendentes). Em geral, o desenvolvimento decimal de um número real não é finito nem periódico, contrariamente àquele dos números racionais; mas, no caso em que podemos determinar uma sequência definida *de maneira efetiva* que converge para o número real em questão, podemos com toda a razão considerar que esse número real é computável porque possuímos um algoritmo de cálculo. Por exemplo, π pode ser definido por

$$\pi = 4\left(1 - \frac{1}{3} + \frac{1}{5} - \frac{1}{7} + \frac{1}{9} - \ldots\right).$$

Com a condição de dispor de um tempo infinito, torna-se possível calcular de direito as decimais do desenvolvimento de π, umas após as outras. O caráter infinito do desenvolvimento decimal faz com que seja excluído, na prática, calcular categorias de decimais demasiado grandes com a ajuda de um algoritmo, mas essas decimais permanecem, de direito, computáveis; esta última observação é capital para apreender em melhores condições a noção de cálculo. Com efeito, de acordo com nossa representação intuitiva, o cálculo é algo que deve culminar

---

de imediato os reais computáveis definidos como *species* de sequências convergentes de números racionais. Cf. Largeault, 1993, pp. 149-151.

* Augustin-Louis Cauchy (1789-1857) foi um matemático francês; por seu intermédio, a teoria das equações tornou-se abstrata, tendo começado a criação sistemática da teoria dos grupos. [N.T.]

em um valor exato quando, afinal, na maioria dos casos, não é o valor exato que permite afirmar que o cálculo chegou a seu termo, mas o fato de que uma aproximação, *definida de antemão*, foi atingida. Em suma, o cálculo é sempre finito em sua realização, independentemente do fato de o material numérico que lhe serve de base ser um valor exato ou aproximado. É esse finitismo da realização do cálculo que é esclarecido plenamente pela noção de máquina de Turing.

3.2. Descrição da noção de máquina de Turing

A máquina de Turing não é, de modo algum, uma máquina física. Aliás, Turing nunca havia pensado em uma máquina em particular para construir o respectivo plano: trata-se de uma máquina "de papel"[23] — chamada também, posteriormente, "autômato abstrato" —, dotada de uma capacidade de memória infinita, que descreve de maneira rigorosa o modo como se passa de uma sequência de símbolos escritos para outra sequência segundo uma ordem inteiramente pautada de antemão. Máquina *matemática*, cujo aspecto *infinito* introduz para sempre uma ruptura em relação às máquinas físicas *finitas*, tais como aquelas que estamos acostumados a encontrar à nossa volta.

3.2.1. Aspecto sumário da descrição elaborada por Turing

Eis o § 1 de "On Computable Numbers...", no qual Turing introduz o conceito de máquina que, daí em diante, ostenta seu nome:

---

23. Expressão utilizada por Turing (ver Turing, 1948, p. 9).

Podemos comparar um homem — no momento em que está fazendo o cálculo de um número real — com uma máquina capaz de resolver apenas um número finito de estados q_1, q_2, ..., q_R, os quais serão designados por "configurações-m". A máquina é composta de uma "fita" (análoga a uma folha de papel) que desliza por si mesma e está dividida em seções (chamadas "casas"), cada uma das quais é suscetível de receber um símbolo. Em um momento qualquer do tempo, existe apenas uma casa "na máquina" — digamos, a r-enésima —, marcada com o símbolo S(r). Podemos designá-la como a "casa inspecionada" e o símbolo inscrito nessa casa é o "símbolo inspecionado". Este "símbolo" é, por sua vez, o único de que a máquina seja, por assim dizer, "diretamente consciente". No entanto, ao modificar sua "configuração-m", a máquina pode efetivamente lembrar-se de alguns dos símbolos que ela tinha "visto" (inspecionado) anteriormente. O comportamento possível da máquina em um momento qualquer do tempo é determinado pela configuração-mq_n e pelo símbolo inspecionado S(r). Esse par — q_n, S(r) — será designado como a "configuração": assim, a configuração determinaria o comportamento possível da máquina. Em algumas configurações em que a casa inspecionada está vazia — ou seja, não comporta símbolo —, a máquina escreve um novo símbolo na casa inspecionada; em outras configurações, ela apaga o símbolo inspecionado. A máquina pode também alterar a casa que está sendo inspecionada, mas somente ao inspecionar a casa que se encontra imediatamente à sua esquerda ou à sua direita. Em todas essas operações, é possível acrescentar o fato da possibilidade de alterar a configuração-m. Alguns dos símbolos escritos formarão uma sequência de números que é a parte decimal do número real calculado. Os outros símbolos são apenas notas de rascunho que servem para "ajudar a memória"; tais notas serão as únicas suscetíveis de serem apagadas. Defendo a tese de que essas operações incluem todas aquelas que são utilizadas para o cálculo de um número. (Turing, 1936, pp. 117-118)

Tal descrição é bastante insuficiente para se ter uma ideia do poder do conceito em questão. Max Newman, que havia recebido o manuscrito das mãos de Turing, em 1936, começou por duvidar que uma estrutura, cujo funcionamento era aparentemente tão simples, tivesse condições de conseguir não só efetuar *um cálculo, mas todos* os cálculos e, por isso mesmo, qualquer inferência em um sistema formal.

Essa descrição "minimalista" teve uma importante consequência: é impossível tomar consciência da significação do conceito de "máquina de Turing" sem fazer funcionar a "máquina" a partir de exemplos. Ora, *tal operação só é possível se o leitor se posiciona a si mesmo no lugar da máquina que calcula*. A passagem da noção informal de cálculo para uma noção formal "mecânica" opera-se mediante um trabalho do leitor sobre si mesmo que deve adotar o "bom" ponto de vista, o do mecanismo, para conseguir apreciar o alcance do conceito apresentado. Não há leitura "externa" do artigo de Turing, cujo aspecto lacônico é precisamente o recurso escolhido pelo autor para incentivar o leitor a elaborar essa transformação interior; esta é, sem dúvida, exigida em qualquer artigo de matemática porque está em jogo a própria natureza da compreensão na ordem do conceito, mas o caso do artigo de Turing é exemplar na medida em que o que é habitualmente pressuposto é aqui *explicitamente exigido* e ostenta um nome, o de máquina. Por consequência, o aspecto finitário do procedimento de cálculo está relacionado a um agente mecânico do pensamento; e não existem outros meios de verificação do aspecto em questão, além da realização deste. A intuição finitária — ou seja, na óptica de Turing, a configuração *mecânica* do pensamento — só é *verificável*, em última instância, *por si mesma*.

3.2.2. Esboço da máquina de Turing

Uma máquina de Turing aparece como uma "caixa preta"[24] — não existe nenhuma indicação relativa ao modo como funciona a máquina, nem como são organizadas fisicamente suas diferentes partes — que dispõe de um canal de entrada e de um canal de saída; leva-se em consideração apenas a natureza da transformação operada entre o canal de entrada e o canal de saída sobre os símbolos fornecidos à máquina.

O que permite caracterizar propriamente essa máquina é a relação particular de transformação símbolos de entrada/símbolos de saída: com efeito, a máquina de Turing transforma símbolos de entrada em símbolos de saída, ao atravessar uma sucessão de estados discretos que, em sua totalidade, são definíveis com antecedência. Ela consistiria também, essencialmente, no estabelecimento de relações entre dois conjuntos: por um lado, um conjunto de símbolos de entrada e, por outro, um conjunto de estados de saída que definem as ações da máquina.

Ainda mais precisamente, a máquina de Turing tem a capacidade de armazenamento externo que se apresenta sob a forma de uma fita de comprimento infinito, dividida em casas nas quais são inscritos símbolos. A máquina é equipada com um cabeçote de leitura-escrita

---

24. Expressão que se encontra em Minsky, 1967, p. 13.

capaz de observar o conteúdo das casas da fita, deslocar-se ao longo da fita em um sentido ou no outro e parar em uma casa. Todas as ações são regidas por uma tabela de instruções que indica a ação a empreender: escrita ou movimento. A observação de uma casa (sua leitura) pode decompor-se: *ação* seja de apagar ou de escrever. Em cada momento discreto do tempo — momento que pode ser indexado a partir da sequência dos inteiros naturais —, o cabeçote de leitura-escrita observa uma casa e, de cada vez, uma única casa. O par formado pelo estado interno da máquina em determinado momento t e pela casa observada define uma configuração da máquina. A tabela de instruções prescreve, assim, um comportamento para cada configuração em que a máquina venha a encontrar-se; deste modo, a máquina efetua o que é prescrito pela tabela e produz um resultado. Esse mecanismo é suficiente para descrever a transformação que afeta os símbolos de entrada para transformá-los em símbolos de saída.

Deixando de lado o aspecto físico da maneira como os elementos da máquina efetuam as operações para as quais haviam sido construídos, podemos representar a máquina de Turing sob a seguinte forma:

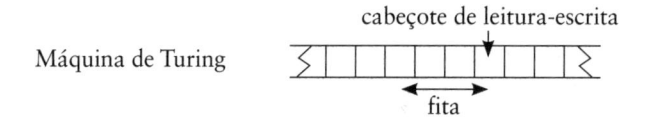

Máquina de Turing — cabeçote de leitura-escrita / fita

Seja qual for a tarefa executada por uma máquina, é sempre possível interpretar sua tabela de instruções como representação do *cálculo de uma função* de inteiros com valores inteiros. Uma função $\Phi(a)$ é chamada Turing-computável quando seus valores podem ser calculados por uma máquina de Turing; pode-se assim afirmar, graças ao formalismo dessa máquina, que a descoberta de um algoritmo para a resolução de determinada classe de problemas é equivalente à descoberta de uma máquina de Turing específica capaz de fornecer, em um tempo finito, a solução ou as soluções para a classe de problemas em questão. Ainda resta a dificuldade que consiste em estabelecer, em cada caso, a correspondência entre a tabela de instruções da máquina de Turing e o algoritmo.

3.2.3. Um exemplo de cálculo

Como exemplo de cálculo "mínimo", podemos servir-nos daquele que é fornecido por Turing no § 3 de "On Computable Numbers...", no qual a máquina em funcionamento procede ao cálculo da sequência infinita 0101010101...

A partir de uma fita vazia, a tabela de instruções da máquina — a qual procede ao cálculo da sequência em questão — é das mais simples, visto que basta construir uma tabela de instruções composta de quatro estados definidos apenas para uma casa vazia. Se representamos 0 por " / " e 1 por " * ", temos o seguinte quadro:

	casa vazia
1	/D2
2	D3
3	*D4
4	D1

Ao separar cada símbolo por uma casa vazia, a máquina imprime a sequência / * / * / *..., que corresponde à sequência 010101...

O cálculo da sequência não se detém porque a fita está vazia.

Após esse exemplo bastante simples, observa-se talvez um pouco melhor em que aspecto a tabela de instruções de uma máquina de Turing, sempre finita, pode servir, no entanto, para efetuar cálculos de qualquer comprimento, definido antecipadamente (o caso-limite é o de um cálculo indefinidamente longo, tal como o do cálculo da expansão decimal de um número real). É esse "atalho" que é intuitivamente impressionante pelo fato de manifestar duas características capitais da noção de cálculo por máquina de Turing: em primeiro lugar, aparece de forma muito nítida — e de maneira mais intuitiva do que no caso do algoritmo — que o aspecto determinado de um cálculo não depende em nada de seu comprimento; em segundo lugar, torna-se também muito mais intuitivo que, tendo sido encontradas as configurações-m que garantem a realização das partes exclusivamente repetitivas das instruções, estas podem ser reutilizadas em outros contextos. Não é, portanto, necessário voltar à realização das partes repetitivas: basta retomar as partes de uma tabela de instruções em que essas partes repetitivas tivessem sido explicitamente redigidas sob a forma de instrução. Eis o que é salientado por Turing:

> Existem determinados procedimentos que são utilizados por quase todas as máquinas e, mediante essas máquinas, para atingir múltiplos objetivos. Elas incluem o ato de copiar sequências de símbolos, comparar sequências, apagar símbolos de determinada forma, etc. Nas situações em que existe esse tipo de procedimento, podemos encurtar consideravelmente as tabelas das configurações-m ao utilizar "esqueletos de tabelas". [...] Elas devem ser consideradas apenas como abreviaturas, uma vez que não são essenciais. Desde que o

leitor seja capaz de compreender como obter as tabelas completas a partir das tabelas-esqueletos, não há necessidade de fornecer definições mais exatas. (Turing, 1936, § 4, p. 122)

Existe, no entanto, um "atalho" suplementar, cuja importância para a teoria do cálculo é considerável: o de máquina universal.

3.2.4. A máquina universal de Turing

Até agora, cada cálculo exigia "sua" máquina de Turing capaz de realizá-lo; para cada novo cálculo, portanto, era necessário encontrar uma nova tabela de instruções. O calculador humano, dependendo do algoritmo que ele pretenda colocar em prática, constrói, com efeito, esta ou aquela máquina de Turing. Do ponto de vista psicológico, o calculador utiliza sempre a mesma instância para efetuar essa correspondência: para determinado algoritmo, utilizar determinada tabela de instruções. A correspondência entre um algoritmo e uma tabela de instruções é, portanto, objeto de um procedimento geral. Surge então a seguinte questão: não seria possível que esse procedimento relativo ao estabelecimento de correspondência fosse operado por uma máquina? Pode-se, com efeito, conceber máquinas de Turing chamadas "universais", dotadas da particularidade de operar o desenvolvimento de qualquer algoritmo, se a respectiva tabela de instruções for redigida corretamente:

> É possível inventar uma máquina única que possa ser utilizada para calcular qualquer sequência computável. Se essa máquina U estiver equipada com uma fita no início da qual for inscrita a descrição padronizada de

uma máquina para calcular M, então U irá calcular a mesma sequência de M. (ibidem, § 6)

Desse modo, bastaria definir uma máquina de Turing com essa característica para efetuar com êxito qualquer cálculo, assim como um calculador humano *único é capaz de se adaptar a cada problema particular* e de encontrar o algoritmo correspondente ao problema a resolver, a tabela de instruções da máquina de Turing que corresponde ao algoritmo, assim como estabelecer as relações entre esse algoritmo e essa tabela. À semelhança do que ocorre com o mesmo calculador humano que é capaz de procurar diferentes algoritmos para resolver os diferentes problemas encontrados por ele, a máquina universal tem a capacidade, segundo as instruções que lhe são confiadas, de calcular o que diferentes máquinas de Turing podem calcular. A universalidade dessas máquinas de Turing provém, portanto, de sua capacidade universal para permanecerem fiéis às instruções das máquinas que elas imitam.

O encurtamento operacional permitido pelas máquinas universais é de considerável interesse para quem tenta determinar o *campo do computável*, na medida em que elas reduzem qualquer cálculo à construção da tabela de instruções de uma única máquina; graças ao uso de uma máquina universal, torna-se possível reutilizar a *integralidade das tabelas de instruções de outras máquinas*.

É possível, com efeito, elaborar uma lista infinita de todas as máquinas de Turing pela atribuição de um número de código, representado por um inteiro natural, a cada uma dessas máquinas. Considerando que é possível codificar os inteiros naturais em uma fita de máquina de Turing, é também possível operar essa codificação das máquinas de Turing em uma lista infinita suscetível de ser enumerada. Pode-se, então, conceber uma relação funcional entre as tabelas de instruções de duas máquinas; nesse caso, a descrição da máquina imitada desempenha o papel de um argumento de função para a máquina imitante. É essa relação funcional que confere à máquina imitante a particularidade de imitar qualquer máquina; assim, pode-se demonstrar que existe, pelo menos, uma máquina de Turing que pode imitar qualquer máquina de Turing, ou seja, capaz de calcular qualquer função computável.

O encurtamento operado pela utilização de uma máquina universal situa-se em uma escala diferente daquele operado tanto por uma máquina dotada de uma tabela de instruções finita, seja qual for o comprimento do cálculo a efetuar, quanto pelas tabelas-esqueletos que permitem reutilizar as instruções repetitivas de uma tabela de instruções. No conceito de máquina universal, existe um uso metódico geral da reutilização de *toda* instrução, seja ela qual for; portanto, através de uma máquina universal, é possível combinar em uma tabela de instruções, cada vez mais complexa, tabelas de instruções que efetuam cálculos mais simples, ao reduzir qualquer cálculo a limitar-se a ser uma parcela de um cálculo mais amplo. Assim, não só cada cálculo, de comprimento arbitrário, seria reduzido ao ponto de vista do finito, mas a *própria infinidade dos cálculos* é reduzida também ao ponto de vista do finito: nesse aspecto, há um formidável encurtamento do que se deve entender por cálculo, tanto na compreensão, graças à noção de máquina de Turing, quanto na extensão, graças à noção de máquina universal.

Tendo à sua disposição esse conceito preponderante, Turing vai mostrar, mediante uma aplicação, que o problema da decisão — tal como ele havia sido formulado por Hilbert — é insolúvel.

3.2.5. O problema da parada

Alguém poderia pensar que, dispondo do conceito de máquina universal, fosse possível prever o comportamento de qualquer máquina de Turing, visto que a máquina universal é capaz de receber as instruções de qualquer máquina. No entanto, o conceito de máquina de Turing não permite determinar, de uma vez por todas, a relação existente entre os pontos de vista relativamente à infinidade da realização do cálculo e à finitude das tabelas de instruções. Pode-se, com efeito, apresentar um problema de alcance geral que afeta o comportamento de qualquer máquina de Turing, conhecido como o "problema da parada", e que nenhuma máquina consegue resolver. Tal problema enuncia-se da seguinte forma: podemos saber com antecedência se qualquer cálculo terá, ou não, um fim?[25]

Dito por outras palavras: será que se consegue caracterizar, do ponto de vista completamente geral, o *resultado* de um cálculo sem ser obrigado a executá-lo? Na verdade, essa indagação equivale a questionar-se sobre a existência de uma máquina de Turing — que *não* é uma máquina universal — que seria capaz de resolver o problema da parada para qualquer máquina de Turing a partir de determinada entrada. Se existisse tal máquina, haveria uma máquina "decisional", capaz de conhecer *globalmente* o comportamento de cada máquina de Turing — ou seja, o resultado da realização do cálculo da

---

25. Turing apresenta o problema no artigo, "On Computable Numbers... ", ao questionar-se para saber se é possível encontrar uma máquina que, ao tomar outra máquina na "entrada", decide se esta última produzirá na "saída" a sequência infinita de um número real. Turing posiciona-se, portanto, no âmbito de um cálculo que não deve parar; para isso, ele estabelece uma diferença entre máquina *cíclica* — que se limita a produzir um número finito de símbolos — e máquina *acíclica* que produz uma infinidade de símbolos. Cf. Turing, 1936, § 2.

máquina: sua parada ou sua ausência de parada — a partir de seu aspecto *local*, ou seja, a partir da simples inspeção do conteúdo de sua tabela de instruções. Pode-se demonstrar que a resposta ao problema da parada é negativa: não existe tal máquina decisional porque nenhuma máquina — nenhum algoritmo — é capaz de permitir a apreciação do resultado de um cálculo, ou seja, sua parada ou sua ausência de parada.

A demonstração segue aproximadamente as mesmas etapas utilizadas por Turing para a demonstração no caso dos jogos[26], com a diferença de que Turing adota um ponto de vista completamente geral sobre a noção de cálculo. Deste modo, ele ainda deveria explicar como colocar sob a forma de uma lista infinita, por meio de uma máquina universal, as máquinas de Turing que procedem ao cálculo de sequências infinitas correspondentes à expansão decimal dos números reais.[27] Em seguida, considerando que o procedimento de Turing é sensivelmente o mesmo, dispenso-me de reproduzi-lo: trata-se de mostrar que a suposição da existência de uma máquina "decisional" é contraditória porque ela própria deveria parar e não parar. Dessa demonstração da solução negativa para o problema da parada, resulta a solução negativa para o *Entscheidungsproblem*, porque é possível cotejar o caso do *Entscheidungsproblem* com o caso do problema da parada, na medida em que este é tipicamente um problema matemático não resolúvel por algoritmo, tal como é demonstrado por Turing no § 11 de "On Computable Numbers...".

---

26. Ibidem, § 6, p. 133; cf. supra, § 2.3.3.
27. Cada máquina de Turing recebe um "número descritivo" que se limita a descrever sua tabela de instruções e apenas essa tabela. Cf. Turing, 1936, § 5, p. 128.

Turing conseguiu, portanto, apresentar um problema inacessível à estratégia metamatemática: os três objetivos que Hilbert havia tentado alcançar por ocasião do Congresso de Bolonha de 1928 — ou seja, a completude, a consistência e a decidibilidade da axiomática formal — revelaram-se inacessíveis, salvo aquele relacionado com a completude do cálculo dos predicados da primeira ordem, estabelecida por Gödel. Mas, se essas respostas negativas foram, aparentemente, decepcionantes para Hilbert, elas não deixam de mostrar a extraordinária fecundidade de seu programa: dificuldades, de natureza lógica ou matemática, absolutamente capitais foram elevadas, desse modo, à categoria de problemas, tornando possível a elaboração de respostas bem definidas.

4. Consequências epistemológicas e filosóficas

A resposta ao problema da decisão — formulado por D. Hilbert no decorrer do Congresso de Bolonha, em 1928 — propiciou várias consequências epistemológicas e filosóficas fundamentais.

4.1. Consequências epistemológicas

Do ponto de vista epistemológico, elas são de três ordens.

4.1.1. Generalização do método de Turing a outras provas de impossibilidade

Na elaboração do método para encontrar a solução do *Entscheidungsproblem*, Turing foi levado a relacionar esse caso com o problema da parada, o qual pode receber um tratamento pelo viés do conceito de máquina de Turing. Posteriormente, Turing apresentou uma visão panorâmica dos resultados de impossibilidade obtidos por seu método[28]; essa estratégia será utilizada, mais tarde, em numerosas oportunidades, por ele e por outros[29], para conseguir a demonstração de que este ou aquele problema — a respeito do qual subsiste a questão de saber se é solúvel — não o é. Ao estabelecer limites ao que se devia entender por computável, Turing contribuiu, portanto, para a elaboração de um procedimento canônico a fim de conseguir as provas de impossibilidade.

4.1.2. Clarificação fornecida à noção de axiomática formal

Observa-se, em seguida, que se não existe um método efetivo para decidir se uma fórmula da axiomática formal é verdadeira ou falsa, então fica claro que a axiomática formal é incompleta, visto que podem existir — no âmago das fórmulas, cujo valor de verdade é impossível conhecer — fórmulas verdadeiras que não sejam teoremas, ou seja, que não sejam engendráveis a partir dos axiomas. Avalia-se, assim, até que ponto os teoremas de Gödel e de Turing são solidários. Eis a razão pela qual Gödel podia escrever que o trabalho de Turing fornecia uma verdadeira *definição* do que se devia entender por axiomática formal (chamada aqui sistema formal):

---

28. Ver uma lista desses resultados em Turing, 1954, p. 22; cf. também, Grigorieff, 1991.
29. O próprio Turing demonstrou a insolubilidade do problema da palavra nos semigrupos. Cf. Turing, 1950b e Wang, 1965.

Graças a alguns trabalhos posteriores a este artigo [sobre a incompletude da axiomática formal] — em particular os de A. M. Turing —, dispomos daqui em diante de uma definição fidedigna, exata e adequada do conceito de sistema formal [...] cuja propriedade é que, em seu âmago e em princípio, o raciocínio pode ser substituído inteiramente por regras mecânicas.[30]

Assim, o trabalho de Turing teria permitido também indicar com precisão em que sentido *demonstrar* equivalia a *calcular* e não a *estabelecer a verdade* de um teorema visto que, pelo contrário, há dissociação entre demonstrabilidade e verdade.

4.1.3. Evolução em relação ao princípio epistemológico da resolubilidade de qualquer problema matemático

Para formular o problema da decisão em toda a sua generalidade, Hilbert tinha utilizado um princípio epistemológico: o da resolubilidade de qualquer problema matemático.[31] Convém observar que a resposta negativa ao problema da decisão, elaborada por Turing, não contesta fundamentalmente o que foi designado mais acima por "otimismo da racionalidade", porque a demonstração do caráter insolúvel de um problema é evidentemente uma *grande conquista racional*. O aspecto insolúvel de alguns problemas limita-se a atenuar tal otimismo ao forçar a distinguir entre a *solução* de um problema, que nem

---

30. Nota de 28 de agosto de 1963 acrescentada pelo autor em Gödel, 1931, pp. 142-143.
31. Cf. supra, § 2.3.1.

sempre é positiva, e a *solubilidade*, positiva ou negativa, a qual existe sempre.³²

Essa distinção permite orientar a pesquisa matemática ao solidificá-la porque, tendo sido demonstrado que um problema é insolúvel, deixa de ser necessário tentar resolvê-lo positivamente e torna-se possível dedicar sua inteligência na área da matemática a outras tarefas. Em suma, a noção de solubilidade permite uma *orientação* do pensamento matemático, o que, finalmente, foi sempre o papel atribuído à lógica pelos matemáticos. A descoberta dos limites internos peculiares ao formalismo não contesta, portanto, o otimismo racionalista em relação à noção de solubilidade, nem o otimismo da vontade racional relacionada com o que resta a ser feito: esses dois tipos de otimismo permanecem válidos como hipóteses éticas, mas sem a certeza que teria advindo de uma solução positiva para o problema da decisão porque esta teria conferido a essas hipóteses o estatuto de princípio definitivamente estabelecido.

4.2. Consequências filosóficas

Tudo gira em torno do valor a ser atribuído ao princípio filosófico de Hilbert relativo ao *finitismo* do pensamento, necessário à consolidação da estratégia metamatemática em seu conjunto.³³ Indicamos mais acima que, sob o impulso da aritmetização da axiomática formal, operada por Gödel, esse finitismo do pensamento tinha engendrado — pelo menos como analogia — a ideia de um

---

32. Ainda resta evidentemente o caso em que teria sido demonstrado que existem problemas os quais nunca seria possível demonstrar se são solúveis ou insolúveis. Mas esse caso ainda tem a ver com a solubilidade.
33. Cf. supra, § 1.2.2.

mecanismo do pensamento. No tocante a esta questão, eu gostaria de esclarecer, para concluir, alguns aspectos.

4.2.1. A máquina como expressão da intuição humana

Há uma tendência espontânea para conceber a máquina de Turing como uma entidade autônoma em relação ao ser humano quando, afinal, ela é apenas uma expressão limitada de sua intuição; tal confusão provém do fato de que é estabelecida uma analogia entre o conceito de máquina de Turing, o computador e as máquinas que estamos habituados a encontrar à nossa volta, as quais executam tarefas sem a nossa intervenção direta e, muitas vezes, com desempenho superior ao de um indivíduo por terem sido construídas pelo ser humano precisamente com essa finalidade. Mas a analogia é *infundada* porque continua sendo o ser humano que está na origem do desempenho físico ou intelectual das máquinas em questão.[34] A crença na autonomia da máquina e, por conseguinte, em sua superioridade, conduz a uma lamentável antropomorfização do *conceito* de máquina.[35]

---

34. Independentemente de ser o caso de uma tarefa física, tal como o fato de voar para um avião, ou o caso de uma tarefa mais intelectual, como o piloto automático do mesmo avião, é sempre o ser humano quem permanece como supervisor, seja do aspecto físico da máquina, seja de seu aspecto intelectual: quem negaria que sejam necessárias centenas de horas de programação *humana* para conseguir que o computador a bordo do avião esteja em condições de "dirigir" o piloto automático e que o avião possa voar "sozinho"? Que essas horas de programação tenham sido realizadas graças à ajuda de outro programa de computador faz recuar — mas não suprime — o aspecto humano da origem dos programas.

35. Para encontrar um caso em que ser humano e máquina sejam considerados da mesma maneira como essencialmente limitados — ou seja, em que o ser humano ocupa uma posição bastante semelhante àquela que a máquina ocupa em relação ao problema da parada —, convém fazer a seguinte suposição: é possível que a solubilidade de alguns problemas nunca chegue a ser acessível para nós, ou seja, que eles tenham para nós

No caso concreto, o da máquina de Turing propriamente dita, o uso antropomórfico do vocabulário tem relação, sem dúvida, com a própria posição do problema da decisão. Ao iniciar este capítulo, tínhamos observado que o termo alemão "Entscheidung" significava — além de "decisão" — "arbitragem", em um contexto mais amplo: parece ser, portanto, bastante natural que o debate se tenha deslocado sub-repticiamente da decisão para a arbitragem e, daí, para o livre-arbítrio, ou seja, para a autonomia da decisão; mas tal decisão não é independente do pensamento que a produziu. Se em vez de falar da "máquina" utilizássemos o termo neutro de algoritmo, verificaríamos imediatamente que o uso de um vocabulário antropomórfico tem tendência a complicar as coisas; a frase — "um algoritmo não pode ter a tarefa de resolver o problema da decisão" — mantém-se neutra relativamente à questão da superioridade ou inferioridade nas relações estabelecidas entre a intuição humana e a máquina porque a noção de algoritmo aparece nitidamente como a expressão da intuição humana no mesmo plano de qualquer ferramenta teórica.

No contexto da metamatemática de Hilbert e de sua reinterpretação em termos mecanicistas pela tese de Turing, há realmente o estabelecimento de relações entre o conceito de máquina universal de Turing e a noção de

---

a aparência de tal dificuldade que nem seja possível formulá-los de maneira suficientemente coerente para que uma solução, positiva ou negativa, possa ser procurada. Se dermos crédito a essa suposição, vamos situar, de alguma forma, ser humano e máquina em um pé de igualdade por sua suposta incompetência, mesmo que a prova desta última não possa evidentemente ser exibida pelos seres humanos que somos. Essa suposição metafísica deixa, no entanto, em aberto a questão de saber o modo como tal pensamento pode ocorrer em nossa mente, ou seja, o modo como o ser humano é capaz, de alguma forma, de sair de si mesmo para considerar do exterior seus próprios limites. Tal questão será abordada mais adiante, no cap. IV.

mente. É esse estabelecimento de relações que devemos estudar agora.

4.2.2. O estatuto problemático do pensamento algorítmico

Em primeiro lugar, observemos que a noção de máquina não deve ser interpretada como fisicamente externa a nós, mas que ela permite apenas descrever um processo de pensamento de determinado tipo, ou seja, o finitismo. Que relações existem entre o finitismo e o pensamento em geral?

De acordo com o Hilbert de 1928, o pensamento deveria ser capaz de se exteriorizar integralmente na manipulação dos símbolos, cuja interpretação é evitada no âmago da axiomática formal. Mas Gödel e Turing, ao observarem os limites internos da axiomática formal, mostraram que era impossível provar que essa exteriorização era perfeitamente completa. Desde então, as máquinas são apenas um dos meios de *expressão* da defasagem perpétua do pensamento algorítmico com ele próprio. Como caracterizar o pensamento como pensamento algorítmico?

Na origem da expressão humana, encontra-se, portanto, uma estrutura algorítmica somente possível[36], estrutura disponível em quantidade ilimitada[37], cuja equivalência à intuição pode ser, no entanto, reencontrada empiricamente sob a forma de traço parcial[38], mas a respeito da qual nunca

---

36. Na medida em que é impossível atualizar, por uma prova, sua equivalência à intuição humana, porque essa prova, ao servir de novo objeto à intuição, destruiria a equivalência em questão.
37. A expressão é forjada por Turing; ele designa tal estrutura algorítmica como "engenhosidade", descrita em Turing, 1939, § 11.
38. Sempre que se faz a tentativa de explicar, pelo viés de um algoritmo particular, um problema matemático formulado à intuição.

existe a certeza de que seja plenamente consistente.[39] Parece-me que essa expressão algorítmica — essa "máquina" somente possível, ao mesmo tempo, espontânea, infinita e necessariamente deslocada em relação à intuição — é uma nova maneira de considerar a noção do inconsciente, concebido como *inconsciente mecânico*. Cada processo mental, colocado sob a forma algorítmica, manifesta a presença de uma generatividade algorítmica do pensamento que segue a generatividade da intuição como sua sombra. Assim, haveria não só uma diferença entre a expressão intuitiva e sua fonte inconsciente (cf. Turing, 1939, § 4), mas também uma diferença entre uma expressão algorítmica e sua fonte, "deslocada" constitutivamente em relação às manifestações algorítmicas que ela engendra.

O debate um tanto ingênuo sobre a superioridade ou a inferioridade das máquinas que rouba a cena sempre que um programa de computador consegue executar uma tarefa que, até aqui, o ser humano era o único capaz de efetuar[40], parece-me por isso mesmo dever ser transformado em um questionamento de maior amplitude no que diz respeito às relações do consciente e do inconsciente no pensamento.

4.2.3. Fundamento biológico do conceito de máquina de Turing

Já vimos que o conceito de máquina de Turing é, no mesmo movimento, a caracterização da noção de cálculo

---

39. Na medida em que seria necessário situar-se em uma forma de intuição superior para mostrar a consistência, forma de intuição que nos faz falta visto que havia o pressuposto de que a dita estrutura algorítmica abrangeria qualquer intuição humana.

40. O sucesso do programa "Big Blue" da IBM — que conseguiu igualar o desempenho dos melhores enxadristas mundiais — é o exemplo mais recente.

e a ferramenta que permite aprofundar o domínio do computável. Essa reflexão do conceito sobre sua própria área de aplicação incentiva a afirmar que o conceito de máquina de Turing *comporta-se como um organismo cujo condicionamento exterior seria constituído pelas funções computáveis*. De acordo com essa interpretação, a noção de máquina universal, em particular, aparece como um esquema capaz de manter-se por si mesmo: graças a ela, qualquer tabela de instruções pode ser indefinidamente combinada com outras para formar novas máquinas.[41] Nesse aspecto, há uma autoconstituição das máquinas em relação às funções por meio das quais se torna possível o cálculo que, de uma forma bastante paradoxal, manifesta a parecença entre o conceito de máquina e o de um organismo. Em meu entender, a novidade epistemológica capital é o aspecto biológico dessa caracterização do mecânico: deste modo, *é preferível a máquina que se assemelha ao organismo, e não o organismo à máquina*.

Vamos lembrar-nos disso quando, no próximo capítulo, observarmos as relações dos dois domínios aos quais Turing aplicou sua teoria da calculabilidade, ou seja, o funcionamento do pensamento e a teoria da morfogênese.

---

41. Encontram-se reflexões desse tipo em Von Neumann, 1966.

III
Modelos computacionais da mente e do corpo

Ao operar uma ampla síntese de seus trabalhos na área da lógica — anteriores à Segunda Guerra Mundial, relativos à noção de máquina universal —, assim como dos resultados adquiridos durante esse conflito, oriundos tanto da mecanização do Serviço de Inteligência quanto do controle da tecnologia eletrônica, Turing concebeu, desde 1944, o projeto de "construir um cérebro" (cf. Hodges, 1983 [2014], p. 290) que iria ocupá-lo nos restantes dez anos de vida.[1]

O cérebro não é o resultado de uma *construção*, mas de um *crescimento*. Portanto, "construir um cérebro" significa o seguinte: proceder à articulação, o que é um tanto paradoxal, entre a construção — que tem a ver com

---

1. Durante esse período, Turing desempenhou três cargos: membro, a partir de 1945, do National Physical Laboratory que se tinha lançado na construção de um computador; em seguida, ele retornou a Cambridge no ano letivo de 1947-1948, universidade em que seguiu cursos de neurologia e de fisiologia, antes de integrar-se, até sua morte em 1954, à equipe de informática da Universidade de Manchester. Além disso, Turing foi consultor de criptologia para o governo britânico até 1952, data em que, após um processo, ele foi reconhecido culpado de homossexualidade; sua condenação, segundo a lei britânica em vigor na época, o impedia definitivamente de ser funcionário em um setor protegido pelo segredo de Estado.

a *mecânica* — e o crescimento que está relacionado com o *biológico*. Turing tentará fazê-lo através da informática, e é esse aspecto paradoxal que constitui a verdadeira originalidade de seu projeto formado por dois componentes distintos: por um lado, mostrar que é possível *identificar* a atividade do pensamento com o funcionamento de um computador; e, por outro, estabelecer que tal identificação tem uma *significação biológica*.

Para a realização desse projeto, impunha-se uma condição prévia: a construção efetiva de um computador — da máquina universal, cujo plano lógico havia sido concebido desde 1936, por Turing —, o que pressupunha a constituição da informática teórica em uma ciência autônoma, no cruzamento da matemática e seus diferentes domínios, da lógica e da engenharia. Turing participou da constituição dessa nova ciência, ao fundar ou integrar-se às diferentes equipes de pesquisa criadas com esse objetivo, mas ele não estava interessado diretamente nessa ciência: assim, sua última contribuição nessa área data de 1951. Na sequência, ele afastou-se completamente dessa temática, tendo concentrado daí em diante toda a sua atenção na "construção de um cérebro".

Uma vez que a computação foi constituída como ciência independente, tornava-se possível passar para a primeira fase do projeto: a modelização informática da atividade do pensamento. Para Turing, essa operação era concebível pelas seguintes razões: por um lado, a ideia de que os procedimentos do pensamento eram modelizados *adequadamente* pelo conceito de máquina universal; e, por outro, o fato de que o conceito lógico de máquina era absolutamente independente de um substrato físico particular, o que tornava possível por isso mesmo a materialização da máquina nos mais diversos materiais.

O segundo componente referia-se à constituição de uma teoria da *morfogênese*, cujo objetivo consiste em explicar a constituição das formas na natureza. De maneira mais precisa, os trabalhos de Turing incidiam sobre a modelização matemática de certo número de fenômenos químicos, refletindo o crescimento dos organismos vivos de acordo com formas específicas, e visavam, em um prazo mais longo, à simulação informática desses fenômenos. Essa pesquisa tinha, portanto, o objetivo de modelizar fenômenos dependentes do substrato biológico, ou seja, de um substrato material totalmente particular na medida em que ele é dotado de *auto-organização*.

À primeira vista, o vínculo entre os dois componentes do projeto parece bem frágil e, a meu ver, não há nenhuma reflexão do próprio Turing para tematizar sua articulação: por que motivo estabelecer uma relação entre o pensamento abstrato e a matéria viva? Que tipo de semelhança pode existir realmente entre as regularidades desse pensamento e as da matéria organizada?

A resposta de Turing, apesar de não ter sido fornecida explicitamente, parece-me ser a seguinte: em determinado nível de descrição, o cérebro e o pensamento podem ser concebidos *de acordo com o mesmo plano de organização*. Esse plano de organização comum é configurado precisamente pela simulação informática: esta permite considerar que "[...] o modelo da máquina no estado discreto é a descrição adequada de um dos aspectos do mundo físico — a saber, a atividade do cérebro", como foi resumido excelentemente por Andrew Hodges (cf. Hodges, 1988, p. 9).

A esse respeito, surgem duas dificuldades teóricas importantes: em primeiro lugar, impõe-se explicar a existência de um *não mecanizável* pelo viés do modelo da máquina descrito por Turing em 1936; em segundo lugar, é necessário reduzir com êxito a tensão entre um ponto de vista independente de qualquer substrato — indispensável para tornar possível a transferência de propriedades relacionadas ao pensamento para os computadores — e um ponto de vista dependente de um substrato particular, ou seja, o substrato biológico, o qual é necessário para explicar fenômenos auto-organizados. É possível que as soluções para essas duas dificuldades estejam, para Turing, ligadas[2]: uma pesquisa empreendida na biologia poderia fornecer ao *não computável* um estatuto diferente do lógico; essa pesquisa utilizaria a simulação informática como ferramenta porque tratar-se-ia da ferramenta adequada que permite *reter da realidade a maneira como ela está organizada*, do ponto de vista tanto da matéria quanto da mente.

1. Observações sobre o surgimento da informática

Na década de 1930, os grandes países industrializados — Estados Unidos, Grã-Bretanha, Alemanha e França — tinham experimentado a necessidade de mecanizar o cálculo e processar automaticamente um volume cada vez mais importante de dados civis ou militares.[3] Dois tipos de máquinas haviam sido concebidos desde a segunda metade do século XIX[4]: máquinas *analógicas* que efetuavam a *medida* de um fenômeno físico, cujo resultado poderia ser, então, interpretado em termos numéricos; e máquinas *digitais* que efetuavam diretamente um

---

2. É o que sugere, em qualquer caso, R. Penrose, em Penrose, 1994.
3. A meu ver, nenhum estudo sobre o Japão — se dermos crédito à importância capital que esse país teve ulteriormente na história da informática — deixa de incluí-lo nesse movimento incontornável.
4. Esses dois tipos de máquina eram o produto de uma tradição britânica representada, para as máquinas analógicas, pelo matemático e físico Lord Kelvin (1824-1907), que havia construído um "Analisador diferencial" do qual Turing se serviu para o cálculo da função *zeta*; e, para as máquinas *digitais*, pelo matemático e engenheiro Charles Babbage (1791-1871), cuja "Máquina analítica" — idealizada em 1833, sem ter sido construída em seu tempo — acabou desempenhando, no entanto, um papel capital na elaboração de uma tradição do cálculo *digital* na Grã-Bretanha.

cálculo numérico a partir dos signos convencionais. As duas vias de pesquisa tinham sido empreendidas ao longo de todo o século XX; foi apenas após a Segunda Guerra Mundial que o cálculo efetuado com as máquinas *digitais* suplantou definitivamente o cálculo efetuado com as analógicas. Tal supremacia explica-se pelas mudanças ocorridas no decorrer desse conflito, as quais haviam tornado possível a construção da máquina *digital* por excelência: o computador.

Esse aparelho, materialização finita da máquina universal, é uma máquina *digital*, binária e sequencial, cuja finalidade é o *processamento de dados*: se lhe fornecermos certo número de dados de entrada (*input*) codificados em uma linguagem fixada de antemão, o computador vai transformá-los — por meio de instruções contidas em um programa — em dados de saída (*output*), geralmente recodificados em uma linguagem acessível diretamente ao usuário. Para efetuar essa transformação, impõe-se que certo número de operações internas seja realizado segundo uma sequência estabelecida previamente, o que torna necessária a sincronização das cadências das diferentes operações do processamento, tarefa atribuída a um *relógio* interno. Os dados de entrada devem, portanto, ser capazes de serem lidos pela máquina e, em seguida, armazenados em uma *memória* contendo igualmente as instruções do programa que permitem operar seu processamento. O processamento propriamente dito subdivide-se em *operação* de processamento e em *controle* das relações entre os dados e o programa. Finalmente, é necessário que os dados de saída sejam acessíveis a um indivíduo e interpretáveis por ele, ou seja, que sejam inscritos em um *suporte* material externo. Os principais componentes de um computador são, portanto, cinco: uma unidade de entrada, um relógio, uma memória, uma unidade de controle e uma unidade de saída; por sua vez, o suporte material desses elementos tem pouca importância.

O interesse de um computador eletrônico programável reside em sua *generalidade*, sua *exatidão* e sua *velocidade* de execução (cf. Turing, 1947, p. 87).

A rapidez de execução do computador excede a de um ser humano desde que nos deparamos com um cálculo mais complexo do que uma operação aritmética intuitiva, do tipo daquelas contidas nas tabelas de multiplicação. A exatidão previsível de um computador é também superior àquela que se pode esperar de um ser humano, não porque ela seja absoluta, mas pelo fato de que a utilização desse aparelho remove a fonte de um tipo de erros bem humanos: os erros de desatenção.[5] A generalidade do computador, por sua vez, depende da inventividade do programador, visto que essa generalidade é uma consequência direta de seu aspecto programável: contrariamente às máquinas analógicas, não é necessário alterar nada nas conexões do computador para levá-lo a executar novas tarefas, bastando que o programador faça a

---

5. Três casos devem ser cuidadosamente distinguidos aqui: 1) a exatidão *material* que depende da confiabilidade dos componentes: esta *nunca pode ser absoluta*; 2) a exatidão *teórica* que depende da estrutura algorítmica do programa: ela é *total, mas* em troca de um limite interno, visto que existem questões que não podem receber uma resposta em termos algorítmicos e que, por isso mesmo, oferecem resistência a um processamento mecânico ulterior. Todavia, tal exatidão teórica não impede os erros na prática, já que é sempre possível que se infiltrem erros de programação na escrita de um programa; e 3) a exatidão *prática* no cálculo fisicamente executado pelo computador: ela é *suficiente* porque a existência de questões insolúveis, do ponto de vista algorítmico, não desempenha nenhum papel na elaboração dos algoritmos. Do ponto de vista biográfico, Turing começou por manifestar interesse pela exatidão teórica e, em seguida, levou em consideração a exatidão prática: de acordo com Andrew Hodges, tal mudança de ponto de vista teria ocorrido em 1941, ano em que Turing tomou consciência do poder extraordinário da mecanização na resolução dos problemas criptográficos (cf. Hodges, 1997, p. 28).

instalação de outro programa na máquina, uma vez que ele é seu inventor.
Como foi o processo que levou a conceber esse tipo de máquinas?

1.1. A herança da Segunda Guerra Mundial

O papel da Segunda Guerra Mundial foi absolutamente determinante para a constituição dos primeiros computadores. Desse ponto de vista, podemos dizer que, no período imediato pós-guerra, o advento do computador ocorreu duas vezes: na Grã-Bretanha, em torno do projeto de Turing, e nos Estados Unidos em redor do projeto de Von Neumann. Aliás, pouco faltou para um terceiro surgimento no terreno adversário e ainda mais cedo, caso os trabalhos do engenheiro alemão Konrad Zuse não tivessem permanecido confidenciais.[6] Como já mencionamos mais acima, dois fatores desempenharam um papel decisivo na constituição da informática: a mecanização do Serviço de Inteligência e a tecnologia eletrônica. Nesse sentido, dois pontos merecem ser sublinhados relativamente ao projeto concebido por Turing, em 1946.

Em primeiro lugar, quando Turing foi recrutado para o Serviço da Cifra (GC&CS)[7] em 1939, a mecanização

---

6. Konrad Zuse (1910-1995) tinha desenvolvido, desde 1936, uma máquina eletromagnética e, em seguida, concebeu em 1941 um verdadeiro calculador universal com programa integrado — o que é, propriamente falando, a definição do computador. A partir de 1942, ele tinha se debruçado sobre a possibilidade de aprofundar a tecnologia eletrônica, mas teve de renunciar a seu projeto por causa das dificuldades de abastecimento relacionadas com a guerra. Após esse conflito, ele conseguiu conceber sozinho a noção de programa registrado, mas suas pesquisas, redigidas em alemão, só vieram a ganhar importância retrospectivamente (cf. Ramuni, 1989, pp. 36-37).

7. Sigla de Government Code and Cypher School que, em 1946, adotou a sigla GCHQ (Government Communications Headquarters): Serviço de

do Serviço de Inteligência baseava-se em máquinas eletromagnéticas chamadas "Bombas", aperfeiçoadas pelos poloneses. Turing ocupou-se apenas das comunicações codificadas da marinha alemã até novembro de 1942, data de sua partida para os Estados Unidos, e nesse período nunca se dedicou ao aprimoramento de máquinas eletrônicas de criptologia: com certeza, ele teria ouvido falar sobre o assunto, mas não teve acesso a esse serviço no seu retorno, por causa da compartimentação bastante rigorosa que reinava em Bletchley Park. Max Newman, seu ex-professor de lógica, em Cambridge, é que foi incumbido da tarefa de conceber a mecanização do Serviço de Inteligência em grande escala, servindo-se da tecnologia eletrônica: as máquinas em questão, chamadas "Colossos", tinham sido afetadas com a decodificação das mensagens ultrassecretas do exército alemão, cujo nome de código era "Fish". O aspecto revolucionário dessas máquinas tem a ver com o fato de que, em grande parte, elas se baseavam em componentes eletrônicos que garantiam um processamento de alta velocidade, por um lado, e, por outro, tiravam partido de duas ideias completamente novas: a primeira refere-se à *lista de instruções de decodificação* armazenada internamente sob a forma eletrônica; e a outra está relacionada *às tomadas de decisão automáticas* por parte da máquina suscetível de seguir, sem intervenção humana, as etapas sucessivas de um procedimento lógico.

Em segundo lugar, embora a tecnologia eletrônica fosse acessível desde a década de 1930, a falta de confiabilidade dos componentes lançava algum descrédito sobre sua aplicação possível (cf. Ramuni, 1989, p. 40).

Inteligência britânico encarregado da segurança, assim como da espionagem e contraespionagem nas comunicações. Durante a guerra, por medida de precaução, suas instalações haviam sido deslocadas para fora de Londres, em Bletchley Park. [N.T.]

Mesmo assim, a tecnologia eletromagnética conseguiu subsistir, bem como o uso das máquinas analógicas: em uma primeira etapa, a eletrônica foi aplicada às máquinas analógicas utilizadas para satisfazer as necessidades do cálculo, desenvolvidas pelo esforço de guerra, tanto na linha da frente (em relação à balística) quanto na retaguarda (para o desenvolvimento de novas armas — incluindo as armas atômicas — assim como para a produção e gestão dos estoques).[8] A tecnologia eletrônica acabou por impor-se em uma segunda etapa, quando os componentes se tornaram mais confiáveis e quando o computador se tornou operacional. Tal tecnologia desenvolveu-se, portanto, por razões práticas relacionadas *à rapidez do cálculo*: tratava-se de *dissociar o cálculo propriamente dito de sua velocidade de execução* (cf. Carpenter e Doran, 1986 p. 7). Essa observação permite compreender o motivo pelo qual os projetos norte-americanos, mais avançados em vários aspectos relativamente aos projetos britânicos, estavam orientados acima de tudo para o controle do cálculo, e não para o tipo de projeto mais especulativo perseguido por Turing, como cavaleiro solitário, após a guerra.

O primeiro contato direto de Turing com a tecnologia eletrônica ocorreu por ocasião de sua viagem secreta aos Estados Unidos, de novembro de 1942 a março de 1943, durante a qual ele encontrou, nos laboratórios Bell, o fundador da teoria da informação C. Shannon (cf. nota de rodapé mais acima) — mas não, certamente, Von Neumann, que já tinha sido contratado como consultor pelos fabricantes do computador eletrônico, o ENIAC[9], construído

---

8. O analisador diferencial foi utilizado durante todo o período da guerra (cf. Goldstine, 1972, pp. 165-166).
9. Sigla de *Electronic Numerical Integrator and Calculator* [Calculador e integrador numérico eletrônico], cuja construção é iniciada em 1943.

na Moore School of Electrical Engineering da Universidade da Pensilvânia. No retorno à Grã-Bretanha, Turing adquiriu sozinho o domínio da eletrônica por ocasião do aperfeiçoamento de sua máquina usada para criptografar a voz humana, a partir de março de 1943 a maio de 1945. Após a guerra, o intercâmbio com os Estados Unidos a respeito de questões de tecnologia eletrônica intensificou-se; além disso, a equipe do National Physical Laboratory, da qual Turing fazia parte, recebeu a visita de técnicos e pesquisadores norte-americanos, especialistas da temática relacionada à eletrônica.

1.2. Os projetos de construção dos primeiros computadores na Grã-Bretanha

Sem dúvida, em razão do segredo militar e, por conseguinte, da falta de comunicação entre os pesquisadores, três equipes lançaram-se quase simultaneamente na construção de calculadores eletrônicos na Grã-Bretanha: no National Physical Laboratory (em torno do ACE[10]), assim como nas Universidades de Cambridge (em torno do EDSAC[11]) e de Manchester (em torno do Mark I). A primeira equipe constituiu-se no NPL sob a liderança de J. R. Womersley, diretor do departamento de matemática; enviado aos Estados Unidos em janeiro de 1945, por causa de seu laboratório, ele foi o primeiro não americano a ser admitido para verificar o funcionamento do calculador eletrônico ENIAC, e também para

---

10. Sigla de *Automatic Computing Engine* [Máquina de computação automática]. O termo "Engine" é um legado de Babbage, cuja máquina chamava-se *"Analytical Engine"* [Máquina analítica]; cf. nota de rodapé mais acima.
11. Sigla de *Electronic Delay Storage Automatic Calculator* [Calculador automático com memória eletrônica].

ler o relatório em que Von Neumann descrevia o projeto de um verdadeiro computador eletrônico, o EDVAC[12], baseado na noção tanto de máquina universal de Turing quanto de programa integrado que codifica as instruções sob a forma eletrônica.[13] Ao retornar da viagem, e no momento em que a Grã-Bretanha tinha tomado a resolução de se lançar na construção de um computador, os serviços de Turing foram solicitados com toda a naturalidade, levando em conta suas contribuições capitais nesse domínio; em seguida, ele foi contratado pelo NPL para uma seção do departamento de matemática, destinada especialmente a esse fim, a seção "ACE", da qual ele era então o único membro.[14] Turing redigiu, nesse momento, um relatório[15] destinado às autoridades britânicas que, após a leitura desse texto, aceitaram financiar o projeto até a quantia de £ 10 mil[16]; havia, então, desafios consideráveis, ao mesmo tempo, civis e militares, na competição que se tinha desencadeado entre as duas margens do Atlântico.

---

12. Sigla de *Electronic Discrete Variable Computer* [Computador eletrônico com variáveis discretas]. O relatório chamava-se "Planning and Coding of Problems for an Electronic Computing Instrument"; cf. Von Neumann, 1946.
13. Cf. Carpenter e Doran, 1986 pp. 5-6. O próprio Von Neumann tinha conseguido extrair essas duas ideias da pesquisa do neuroanatomista, psiquiatra e cibernético norte-americano Warren S. McCulloch (1898--1969); cf. Dupuy, 1994, p. 62.
14. Cf. Campbell-Kelly, 1981, p. 134. Ele recebeu a colaboração de James H. Wilkinson, em maio de 1946, e de Mike Woodger em julho desse mesmo ano; quatro novos membros juntaram-se à equipe, em 1947 e 1948.
15. "Proposal for Development in the Mathematics Division of an Automatic Computing Engine (ACE)" [Proposição para o desenvolvimento, no departamento de matemática, de uma Máquina de calcular automática]; cf. Turing, 1945.
16. Na conclusão do relatório, Turing solicitava £ 11.500; Womersley, por sua vez, calculou um custo bem mais elevado (£ 70 mil). Para dar uma escala de grandeza, o salário anual de Turing, na época, elevava-se à £ 600. Cf. "Introdução" de Darrel C. Ince, in Turing, 1992a, p. X.

Com efeito, liderados por Von Neumann, os norte-americanos tinham redigido, antes de Turing, um primeiro relatório[17], datado de 30 de junho de 1945, o qual propunha a construção do EDVAC. Turing tivera conhecimento desse relatório graças ao diretor do departamento de matemática do National Physical Laboratory; portanto, seu texto, datado de 19 de março de 1946, beneficiou-se da contribuição norte-americana que, circularmente, citava seus trabalhos de 1936, mesmo que sua descrição do computador se distinguisse do projeto assinado por Von Neumann. Se dermos crédito a um dos raros atores que participaram do projeto tanto de Von Neumann, quanto do NPL — o norte-americano Harry Huskey (1916-) —, houve realmente, desde a origem, duas concepções diferentes em relação ao computador (cf. Carpenter e Doran, 1986, p. 16): na concepção de Von Neumann, certo número de operações estava conectado fisicamente e, em particular, as funções aritméticas, enquanto, na concepção de Turing, a fiação era reduzida ao mínimo para deixar toda a sua amplitude ao "trabalho com o papel", ou seja, à programação. Os gêneros de problemas suscetíveis de serem abordados por esses dois tipos de máquinas eram, portanto, diferentes: os problemas numéricos de natureza *iterativa*, ou seja, que requerem apenas um reduzido número de instruções frequentemente repetidas, eram mais bem servidos pelo projeto norte-americano porque sua velocidade de cálculo aritmético era superior, enquanto os problemas para os quais eram necessárias instruções complexas, exigindo uma longa programação, recebiam uma formulação e uma solução mais fáceis no projeto de Turing. Havia, na verdade, duas concepções

---

17. Trata-se do "First Draft of a Report on the EDVAC" [Primeiro esboço de um relatório sobre o EDVAC].

divergentes dos serviços que poderiam ser prestados por um computador.

Dos dois projetos, foi o britânico que tomou a dianteira: o primeiro computador *digital* eletrônico com programa de instruções integrado funcionou efetivamente, pela primeira vez, em 21 de junho de 1948, na Universidade de Manchester. Era o resultado de um trabalho de equipe que não teve a contribuição direta de Turing, já que este só iniciou sua colaboração em setembro de 1948; no entanto, o funcionamento desse aparelho foi tributário, em grande parte, dos avanços permitidos por sua noção de máquina universal e por seu primeiro relatório de viabilidade. Ele acabou por receber o reconhecimento dessa paternidade na medida em que foi o único britânico convidado para uma conferência, realizada em Harvard de 7 a 10 de janeiro de 1947, sobre a construção de computadores.

Quais teriam sido, então, as contribuições pessoais de Turing para a constituição da informática?

1.3. A contribuição de Turing para a informática

Além da contribuição teórica fundamental de Turing em 1936, sua colaboração para a constituição da informática propriamente dita foi capital e abrangeu todos os campos da disciplina, com exceção do nível do aperfeiçoamento físico dos componentes. Na época, os recursos eram escassos; assim, nessa área, Turing contentou-se, por assim dizer, com os meios disponíveis. Convém igualmente observar que, tendo concebido seu projeto de computador do ponto de vista exclusivamente abstrato, foi retrospectivamente — ou seja, uma vez que os computadores se tornaram operacionais — que pôde ser avaliada a originalidade de seu procedimento. Em suma, historicamente, pouco sabemos sobre esse período muito bem-sucedido em seu trabalho pessoal relacionado à teoria da informática que precedeu a redação definitiva de seu relatório de 1946 para o NPL, do qual conhecemos apenas o estado final, mas que havia sido precedido por cinco versões sucessivas (cf. Campbell--Kelly, 1981, p. 137).

Para explicar as contribuições de Turing, é possível seguir a distinção — clássica, na ciência da computação — entre o que depende dos componentes físicos da máquina, da organização e da confiabilidade dos mesmos (*hardware*), e o que tem a ver com a escrita e a verificação dos programas (*software*).

1.3.1. A organização dos componentes físicos da máquina

Entre os cinco componentes fundamentais do computador sequencial — unidade de entrada, relógio, memória, unidade de controle e unidade de saída —, impõe-se reservar um lugar especial para o *relógio*.

Com efeito, o problema tanto da organização física dos componentes do computador sequencial quanto da interação entre eles é dominado por questões de ordem temporal. O aspecto *digital* da informação que permite manipular o volume pretendido de informação, tendo em conta o grau de exatidão que se deseja alcançar, exige que o tempo interno à máquina se torne *discreto*. Caso contrário, as informações teriam tendência a amalgamar-se em um fluxo contínuo, o que impediria qualquer processamento (cf. Turing, 1947, p. 92): esse é propriamente o papel do relógio. Além disso, o uso da eletricidade necessária para a rapidez do processamento interno requer uma codificação final das instruções no nível físico que reduza o menos possível a velocidade de execução sem deixar de manter, no entanto, seu aspecto sequencial: a codificação *binária* parece ser, por isso mesmo, a mais expediente, porque é transponível diretamente em termos de impulsos elétricos (a passagem da corrente correspondendo ao código "1" e a falta de corrente a "0"). Assim, torna-se necessário prever, no interior da máquina, conversores do decimal em binário e do binário em decimal para facilitar o trabalho dos programadores; tais conversores eram, na verdade, programas, e não componentes físicos.

A *unidade de entrada*, designada por Turing como "o órgão de entrada"[18], garante a comunicação com o exterior; ela é composta não só de uma pilha de cartões perfurados — o equipamento já existia no laboratório — na qual estão inscritas as instruções, mas também de um componente eletrônico. A *unidade de saída é do mesmo tipo.*

A questão da forma da *memória* assume também uma importância particular na medida em que ela difere necessariamente daquela que existia para a máquina universal que, por sua vez, era dotada de uma memória infinita. Considerando que a memória, gravada fisicamente, é obviamente finita, impunha-se resolver dois problemas: por um lado, ser capaz de *apagar* o conteúdo da memória, relativamente à informação armazenada que tenha perdido utilidade; e, por outro, encontrar o meio de *reduzir* o máximo possível o tempo de acesso à informação armazenada.

Quais foram os meios desenvolvidos para armazenar a informação? Em razão da escassez de recursos nos laboratórios de pesquisa, Turing teve de contentar-se com

---

18. Cf. Turing, 1945, p. 3. Essa é também a expressão utilizada por Von Neumann (cf. Von Neumann, 1946, p. 35 ss.).

um componente que tinha a vantagem de ser operacional e menos oneroso do que outros[19], além de permitir o que ele designava como "armazenamento em fila de espera" (cf. Turing, 1945, p. 22). Eis aqui seu princípio. Qualquer dado binário ("*digit*") chega à unidade de controle, de maneira sequencial e pelo mesmo cabo elétrico. Em função do relógio, a cadência de chegada de cada dado binário é fixada a um dado binário por microssegundo. Qualquer método de processamento de dados — leitura, processamento, escrita — superior a um microssegundo exige, portanto, seu armazenamento físico em um componente específico que permite sua conservação durante o período exigido pela sincronização das diferentes fases do processamento em curso. Trata-se, por conseguinte, de engendrar um ciclo durante o qual o dado binário é conservado, o que será feito por meio de um tubo repleto de mercúrio, tendo um cristal de quartzo em cada extremidade: o impulso elétrico circula através desse tubo sob a forma de onda sonora, antes de ser ampliado e reconduzido ao ponto de partida, enquanto tiver necessidade de ser conservado.

O processamento integralmente sequencial dos dados permitia passar indiferentemente de uma medida de *duração* correspondente ao comprimento de um ciclo para uma medida de uma quantidade de *informação*. Considerando o comprimento do tubo e seu diâmetro, a expectativa assim engendrada era de 1.024 microssegundos em cada ciclo, e o tubo podia conter, portanto, 1.024 dados binários ao mesmo tempo. Havia tubos de dois comprimentos diferentes: o tubo curto permitia um *ciclo curto*, chamado também *palavra* por Turing (cf. ibidem, p. 6), ou seja, uma recirculação da informação de 32 em 32 microssegundos; 32 ciclos curtos correspondiam a

---
19. Para uma avaliação dos custos, cf. Turing, 1947, p. 89.

uma recirculação em um tubo longo, ou seja, a 1.024 microssegundos (duração de um *ciclo longo*). Turing avaliava que o número desses componentes deveria ir de 50 a 500. A *unidade central*, finalmente, o "centro vital da máquina" (cf. ibidem, p. 3), deveria garantir a interpretação e o processamento das informações pelo controle lógico das diferentes partes do computador; ela correspondia ao cabeçote de leitura/escrita do conceito de máquina de Turing (cf. Turing, 1936, § 1). Tratava-se de um componente eletrônico encarregado de duas operações: a *seleção* da informação e seu *processamento* propriamente dito. As informações eram, portanto, de dois tipos, A e B. A instrução do tipo A consistia em efetuar o processamento. Turing cita o seguinte exemplo[20]:

> Instrução nº 491: multiplicar o conteúdo da memória 23 pelo conteúdo da memória 24 e colocar o resultado na memória 25; em seguida, passar para a instrução nº 492.

Por sua vez, a instrução do tipo B consistia em dirigir-se para outra informação, por exemplo:

> Instrução nº 492: ir para a instrução nº 301.

A parte "processamento" tinha a ver com o que era designado, bastante curiosamente, como o *Centro aritmético*, encarregado das operações lógicas, das transferências de informação, assim como das quatro operações aritméticas fundamentais (ou de certo número de circuitos internos que permitem reproduzi-las). A parte "seleção" permitia gerenciar a escolha da informação pertinente

---

20. Cf. Turing, 1945, p. 16. Por uma questão de clareza, os termos utilizados no exemplo foram ligeiramente simplificados.

no momento pretendido, referindo-se a estruturas arborescentes contidas na memória.

A principal contribuição de Turing para a construção física do computador consiste, finalmente, na grande simplicidade de sua fiação, de tal modo que as operações lógicas ou aritméticas são efetuadas de preferência por um suplemento de escrita, e não por um acréscimo de componentes físicos: o computador de Turing conserva a *simplicidade de meios* da máquina universal, tal como ela é descrita no artigo de 1936, característica que assegurava sua extraordinária polivalência.

1.3.2. A escrita e a verificação dos programas

As contribuições de Turing em matéria de programação derivam diretamente do artigo de 1936, ao contrário da construção física do computador que, acabamos de ver, é tributária da tarefa do engenheiro, e não tanto do trabalho do matemático. Insistirei essencialmente sobre três aspectos dessa contribuição: em primeiro lugar, a noção de *programa modular*; em seguida, a noção de *teste de validade* para os programas; e, enfim, a noção de *máquina auto-organizada*.

1.3.2.1. A noção de programa modular

O *programa* é constituído pelo conjunto das instruções suscetíveis de serem executadas pelo computador. Em 1945-1946, esse conjunto de instruções ainda não é designado por Turing como um programa, mas como uma "tabela de instruções"[21], a qual deve dar uma

---

21. Cf. id. ibid., p. 16 e 51. A expressão evoca "tabela das configurações-m" utilizada em seu artigo de 1936 (cf. Turing, 1936, § 4). Desde

descrição completa do processo efetuado pelo computador quando ele opera de acordo com as instruções contidas na tabela em questão. Todas as operações efetuadas na máquina devem ser especificadas a partir dessa descrição geral: em que espaço deve ser armazenada a informação; de onde ela deve ser retirada; quais são as memórias que devem ser deixadas vagas para o armazenamento posterior de resultados transitórios ou definitivos, etc. (cf. Turing, 1945, p. 55)

O programa é em si mesmo dotado de uma arquitetura interna que o constitui em um sistema *modular*, o que aumenta sua "flexibilidade"; com efeito, a operação geral que constitui a totalidade do programa pode ser decomposta em "operações subsidiárias", segundo as escolhas parciais que o programa é levado a fazer durante sua execução. Nesse domínio, Turing introduzirá inovações (cf. Turing, 1945, seção 6).

Em primeiro lugar, ele vai mostrar — ao generalizar as lições de Babbage (cf. Babbage, 1826) — que essa decomposição do programa em unidades mais simples torna possível seu uso em outros contextos. Uma unidade mais simples é designada como "rotina" ou "subprograma" (cf. Turing, 1953b, p. 171); desde então, torna-se possível constituir o que atualmente, por convenção, é designado por uma "biblioteca de rotinas", suscetível de facilitar as tarefas de programação.[22]

Em segundo lugar, ele vai mostrar como é possível retornar ao programa principal, uma vez que seja executada uma operação subsidiária; basta prever um subprograma padronizado que permita indicar em que espaço do programa principal a operação subsidiária foi iniciada e o

---

1948, Turing fala de programa (cf. Turing, 1948, p. 112).
22. A mesma ideia foi também aprofundada por Maurice V. Wilkes (1913--2010), que dirigia a equipe de pesquisas de Cambridge.

modo como retornar a esse programa, uma vez que a operação tivesse sido efetuada. Tal procedimento de "enterrar" e "desenterrar" é designado por Turing como uma operação subsidiária.[23]

Em terceiro lugar, ele vai mostrar como um programa pode ser levado a modificar-se a si mesmo no decorrer de seu próprio funcionamento, ou seja, a modificar seu comportamento (cf. Turing, 1945, p. 16). Considerando que o computador concebido por Turing não continha nenhum componente físico, tornando possível a escolha entre várias possibilidades, ele encontrou o meio para efetuar essa tomada de decisão pelo viés do próprio programa: tratava-se de combinar, no âmago da mesma operação armazenável na memória, as instruções e as informações oriundas do próprio programa. No caso em que uma escolha tivesse de ser efetuada, bastaria colocar na memória a operação representando a escolha que seria possível fazer ulteriormente, uma vez que a constante, permitindo tal escolha, teria sido inserida na fórmula; essa constante, encontrada por meio de outra operação subsidiária, teria a possibilidade de inserir-se na fórmula e, ao mesmo tempo, produzir o resultado, ou seja, a escolha. Assim tornar-se-ia possível alimentar o programa com os próprios resultados.

A realização propriamente dita do programa exigia também uma *modularidade da linguagem* utilizada, ou seja, a possibilidade do que *é designado* atualmente por uma compilação. Com efeito, era necessário conseguir que o programa fosse processável por uma máquina que se limitasse a funcionar por intermédio de impulsos elétricos interpretados como um código binário: impunha-se,

---

23. Esses termos evocam forçosamente a maneira como ele designava, ainda no artigo de 1936, as instruções que orientavam a realização das operações repetitivas, denominadas "tabelas-esqueleto" (cf. Turing, 1936, § 4).

portanto, traduzir a tabela de instruções em linguagem binária. Turing distinguia três níveis de linguagem, designados por ele como três *formas*, dependendo do fato de se situar mais perto — ou, pelo contrário, mais longe — do nível do funcionamento efetivo da máquina. No caso em que uma instrução tivesse de ser lida por um usuário exterior, ela deveria ser escrita sob uma forma chamada *popular* a fim de transmitir seu conteúdo em uma linguagem natural um pouco formalizada. As outras duas formas estavam relacionadas às condições particulares de armazenamento da máquina. Qualquer instrução possuía uma forma chamada *máquina*, informação binária suscetível de ser armazenada em um ciclo curto. O sistema de armazenamento adotado no computador projetado por Turing permitia que várias formas de *máquina* retornassem à mesma forma chamada *permanente*, que lhes servia de modelo comum (cf. ibidem, p. 55).

Abordemos agora a noção de teste de validade para os programas.

1.3.2.2. A noção de teste de validade

Desde 1936, no artigo "On Computable Numbers with an Application to the *Entscheidungsproblem*", Turing tinha estabelecido que não pode existir um algoritmo geral suscetível de verificar a validade de um programa qualquer: tal constatação equivalia a exibir uma máquina capaz de decidir a respeito da parada de qualquer máquina.[24] Todavia, é possível inventar procedimentos *locais* de decisão no que concerne a validade de um programa, ou seja, meios para *demonstrar* que o programa atinge realmente o objetivo para o qual havia sido escrito; aliás,

---

24. Cf. cap. II, § 3.2.5., "O problema da parada".

essa questão foi abordada, pela primeira vez, em um texto de Turing.[25]

1.3.2.3. A noção de máquina auto-organizada

Essa noção está relacionada diretamente ao fato de que um programa, como vimos mais acima, pode ser levado a modificar-se a si mesmo. Duas linhas de pesquisa, determinantes para o futuro da disciplina, são associadas por Turing à possibilidade dessa automodificação.

Em primeiro lugar, Turing infere daí a possibilidade de um *aprendizado* para o programa, comparado imediatamente com a aprendizagem efetuada pelos seres humanos: ao facilitar um aprendizado específico em um programa, Turing acalenta a expectativa "de modificar a máquina ao ponto de ser possível depositar-lhe confiança no que se refere à produção de reações determinadas por alguns comandos. Esse seria o início do processo [de aprendizagem]" (cf. Turing, 1948, p. 118).

Em segundo lugar, Turing atribui a esse aprendizado uma significação biológica: ele chega a comparar a possibilidade de uma auto-organização progressiva do programa da máquina com o crescimento do sistema nervoso. Essa auto-organização progressiva constitui, para ele, "o modelo mais simples de um sistema nervoso que dispõe de um conjunto aleatório de neurônios" (cf. ibidem, p. 114).

Existem aí as primeiras indicações do que virá a ser o domínio das "redes neurais" e de sua propriedade adaptável.[26]

---

25. Resumo de sua intervenção de 24 de junho de 1949 por ocasião da conferência inaugural para colocar em serviço o EDSAC, em Cambridge (cf. Turing, 1949).
26. A teoria das "redes neurais" — proposta por W. McCulloch (1898--1969) e por W. Pitts (1923-1969) — data de 1943: trata-se de uma

Observemos que a originalidade de Turing em matéria de programação vai mais longe que o simples desenvolvimento de técnicas, por mais fecundas — ou até mesmo proféticas — que elas sejam: em textos, cuja natureza não deixa de ser bastante técnica, destinados a uma publicação interna de seu laboratório de pesquisas, Turing apoia-se em resultados — que ele considera como já adquiridos desde o período de 1945 a 1949 — para especular abertamente sobre as grandes questões formuladas por uma disciplina diferente da informática propriamente dita e que, nos dias de hoje, é designada habitualmente como "inteligência artificial". Esse questionamento específico constitui o primeiro componente de seu projeto teórico pessoal, ou seja, a *modelização informática das expressões do pensamento*, como veremos a seguir.

2. Modelização informática das expressões do pensamento

Até o advento da informática, considerava-se que a única delegação possível a suportes externos limitava-se à *inscrição* de informações com o objetivo de aliviar a memória humana: esse era o caso, por exemplo, da escrita no papel. Tais informações, inscritas em um suporte inerte, deveriam ser retomadas e processadas pelo indivíduo — por exemplo, na leitura — para estarem em condições

---

representação do cérebro com a ajuda de neurônios idealizados e interconectados em que cada um recebe dos neurônios contíguos um impulso que, se for superior a determinado patamar, desencadeia uma reação do neurônio. Tal mecanismo permite representar um cálculo; assim, o cérebro inteiro torna-se uma rede de calculadores (cf. McCulloch e Pitts, 1943; e também disponível em <http://deeplearning.cs.cmu.edu/pdfs/McCulloch.and.Pitts.pdf>). A teoria será retomada e aprimorada consideravelmente a partir da década de 1980 (cf. Dupuy, 1994, pp. 59-60).

de voltar a ser acessíveis à mente. Com a informática, torna-se possível, além disso — o que é uma novidade radical —, delegar o *tempo de processamento* a um suporte exterior que, por isso mesmo, deixa de ser considerado como inerte, com a condição de saber interpretar os resultados.

Assim um computador, programado *corretamente* para determinada tarefa, seria suscetível de processar um volume considerável de dados a uma rapidez de tal modo superior à de um indivíduo que, mesmo no caso em que, supostamente, o indivíduo fosse capaz de reproduzir, em teoria, o mesmo procedimento de processamento, na prática, tal hipótese estaria fora de questão; daí, emerge a impressão de *autonomia* dessas máquinas — com a condição de terem sido programadas *corretamente* — no que diz respeito à questão do tempo de processamento.

Ora a noção de autonomia no tempo de processamento para determinada atividade parece mais próxima da noção de inteligência que a noção de inscrição em um suporte externo inerte: ela refere-se, por um lado, a um processo interno ao sujeito e, por outro, encobre a ausência radical de intuição que podemos ter de nossos próprios métodos de processamento. O que sabemos intuitivamente, na verdade, do que é produzido em nossa mente quando pronunciamos uma frase: procedemos a uma operação de cálculo ou memorizamos uma informação? Com toda a certeza, nada sabemos a esse respeito. Pelo fato de fornecer elementos de resposta é que a *modelização informática da atividade do pensamento* parece estar mais próxima das engrenagens da inteligência do que todos os outros meios técnicos concebidos até agora para aliviar a memória humana.

Agora, vamos abordar as pesquisas de Turing propriamente ditas que constituem o primeiro componente do projeto que visa "construir um cérebro".

2.1. As principais orientações da modelização informática da atividade do pensamento

A modelização informática dos processos de pensamento é o resultado da síntese de três correntes no itinerário de Turing: a primeira refere-se à lógica matemática; a segunda está relacionada com a construção real do computador; e a última, à qual já fizemos algumas referências, tem a ver com seu interesse pelos jogos. Duas noções foram trabalhadas, em particular, por Turing, que acabou por atribuir-lhes sentidos técnicos: a noção de *inteligência* e a de *imitação*.

2.1.1. A noção técnica de inteligência

Para caracterizar a noção de inteligência, Turing serviu-se do modelo do jogo e das estratégias que os jogadores devem desenvolver com o objetivo de vencerem a partida. Turing parece ter manifestado um interesse permanente pelo aspecto matemático dos jogos[27], e suas pesquisas na área do cálculo das probabilidades — durante seus estudos e, em seguida, no período da guerra — acabam confirmando tal interesse. Dois aspectos importantes devem ser sublinhados: por um lado, a partir do ponto de vista antropológico, o fato de considerar o jogo como um modelo geral do pensamento humano; por outro, do ponto de vista técnico, o fato de ter desenvolvido certo número de estratégias probabilísticas suscetíveis de serem colocadas sob a forma algorítmica. Eis os dois aspectos que são objeto de minha análise a seguir.

---

27. Von Neumann já tinha elaborado a respectiva teoria que é apresentada em seu livro escrito em colaboração com o economista austríaco, O. Morgenstern (1902-1977); cf. Von Neumann e Morgenstern, 1944. Por sua vez, o matemático e político francês E. Borel (1871-1956) já tinha antecipado, em parte, esses resultados (cf. Borel, 1921).

2.1.1.1. O jogo como modelo geral do raciocínio no incerto

A noção de jogo encontrava-se no cerne das primeiras pesquisas, envolvendo a modelização dos processos de pensamento, não só em Turing, mas também na corrente norte-americana da cibernética (cf. Dupuy, 1994). Qual teria sido o motivo de tamanho interesse pelo jogo? Tal postura deve-se ao fato de que *qualquer sistema organizado pode ser considerado como suscetível de transformar uma mensagem de entrada em mensagem de saída, segundo um princípio de transformação*. Se o princípio de transformação está submetido a um critério que permite avaliar o valor do desempenho do sistema e se o sistema organizado em questão é regulado com o objetivo de aprimorar seus rendimentos em relação a esse critério, diz-se que o sistema *aprende*. Ora, é possível representar esse tipo de sistema organizado, assim como sua evolução — sua autorregulação —, por meio do jogo (cf. Wiener, 1964, p. 14). Dois jogos serviram, em particular, para a elaboração desse tipo de modelos: o jogo de damas e o xadrez.[28]

2.1.1.2. As estratégias probabilísticas nos jogos e a utilização destes na modelização informática dos processos de raciocínio

É possível construir uma tipologia dos jogos a partir de uma distinção inicial entre os *jogos cujo conhecimento é*, para uns, *completo*, e, para outros, *incompleto*. Com efeito, encontrar a solução de um jogo do primeiro tipo

---
28. Cf. Turing, 1953: para o xadrez, pp. 163-171; para o jogo de damas, pp. 173-179.

equivale a aplicar as etapas de um algoritmo: cada etapa é determinada inteiramente pela precedente e assim por diante até conseguir a solução.[29] Esse não é caso de um jogo do segundo tipo — conhecimento incompleto — no qual várias opções se apresentam em cada etapa, o que exige a elaboração de uma estratégia definida em termos de probabilidades de ganho. Três eixos de pesquisa foram estudados por Turing, sem que ele tivesse tido tempo para desenvolvê-las plenamente.

Em primeiro lugar, é possível representar um jogo sob a forma de uma *árvore de decisão* e atribuir "pesos de informação"[30] a cada ramo representante de uma decisão estratégica. Se aventarmos a hipótese segundo a qual cada jogador segue a melhor estratégia possível, podemos comprovar que é possível atribuir valores numéricos não só aos pontos terminais da árvore, mas também, ao "remontar" os ramos da árvore, a todos os pontos de decisão, incluindo o primeiro. A dificuldade encontrada quase imediatamente refere-se ao que é designado comumente por "explosão combinatória": o número das possibilidades a estudar torna-se rapidamente enorme.[31]

Em segundo lugar, Turing mostrou como era possível aprofundar o domínio das possibilidades combinatórias, ao fazer intervir na avaliação certo número de *dados estratégicos específicos* que evitam a necessidade de retraçar a integralidade dos pontos de decisão antes de adotar uma estratégia. No xadrez, por exemplo, a avaliação

---

29. Cf. cap. II, § 2.3.3., "Ausência de um algoritmo de decisão: o caso dos jogos". Eis o que havia permitido a Turing comparar esse tipo de jogo à obtenção de um teorema no âmago de um sistema formal (cf. Turing, 1954, p. 195).
30. Cf. cap. I, § 2.4.2.2., "O conceito de informação".
31. O ex-colaborador de Turing, D. Michie (1923-2007) julgava que, para o xadrez, o número de combinações superava o número de partículas em nossa galáxia (cf. Michie, 1974, p. 21).

pode fazer intervir critérios, tais como a mobilidade das peças, o controle das casas centrais, o avanço dos peões e qualquer outro aspecto que possa parecer pertinente, tendo em conta o jogo escolhido. Turing utilizou, em particular, duas noções que devem fazer parte do programa da máquina no caso do xadrez: a noção de "movimento a levar em consideração" e sua recíproca, ou seja, a noção de "casa morta" (cf. Turing, 1953b, pp. 166-167). O "movimento a levar em consideração" é o conjunto dos movimentos suscetíveis de serem efetuados a partir de determinada posição das peças no tabuleiro: a tomada de uma peça adversária não defendida, a tomada de uma peça de valor superior àquela que corremos o risco de perder, um movimento produzindo o xeque-mate, são movimentos a levar em consideração. Inversamente, uma casa do tabuleiro é chamada "morta" se não há nenhum movimento para levar em consideração a partir dessa posição, ou seja, se na sequência de dois lances não se verifica a tomada de uma peça nem xeque-mate. A estratégia adaptada a um jogo particular é importante na medida em que ela se assemelha ao procedimento psicológico de generalização e de abstração, sem deixar de ser mecanizada: a escolha dos critérios para determinado jogo pode ser integrada a um programa e, portanto, pode servir nesse caso para a construção de uma estratégia adaptável por parte da máquina.

Em terceiro lugar, ao lembrar-se de seu trabalho sobre a noção de "peso da evidência"[32], Turing mostrou que as máquinas eram capazes de aprendizagem se for feita a variação dos pesos da evidência que são atribuídos aos diferentes critérios adotados para a estratégia, que pode resumir-se, portanto, a um cálculo — na maior parte das

---

32. Cf. cap. I, § 2.4.2.2., "O conceito de informação".

vezes, bastante complexo — dos diferentes parâmetros a levar em consideração em determinado jogo.[33]

2.1.2. A noção técnica de imitação

Até agora, tem sido abordada apenas a questão de uma modelização algorítmica da inteligência no sentido de uma clarificação das estratégias abstratas necessárias para dar continuidade a um jogo. Mas tal clarificação adquire todo o seu sentido quando é possível delegar seu processamento a um computador, uma vez que o algoritmo que corresponde a essa clarificação foi redigido sob a forma de um programa. Assim, é possível conceber que, após ter analisado as estratégias dos jogadores, um programador venha a redigir um programa que imita um jogador de xadrez, e cuja imitação será ainda mais perfeita na medida em que o programador tiver encontrado os bons algoritmos, ou seja, os algoritmos que podem alavancar a velocidade de processamento do computador sem sacrificar a qualidade do jogo.

Nesse caso, o programador tinha concebido o programa como um adversário do ser humano. Mas do mesmo modo que só havia necessidade de uma máquina, com a condição que esta fosse universal, para executar qualquer cálculo[34], assim também um programador pode projetar um programa de computador que viesse a jogar xadrez contra ele mesmo. A concepção de tal

---

33. Tal ideia não foi desenvolvida diretamente por Turing: na realidade, ela só foi posta em prática no início da década de 1960. Por sua vez, D. Michie pensava que, inclusive para os jogos mais simples, não havia nenhum algoritmo de aprendizagem capaz de garantir o melhor aprendizado possível (cf. Michie, 1974, pp. 39-42).
34. Cf. cap. II, § 3.2.4., "A máquina universal de Turing".

programa deve levar em consideração duas exigências contrárias: rapidez e qualidade de jogo.

Em primeiro lugar, ao fazer com que determinada máquina venha a executar um número de partidas muito mais elevado do que os seres humanos estariam em condições de jogar, o programador tem a possibilidade de analisar, graças à velocidade do ritmo do processamento, as fases sucessivas da elaboração das estratégias desenvolvidas no programa e, portanto, também, na mente dos enxadristas da qual emana tais estratégias. Em segundo lugar, ao delegar a ação de jogar às máquinas, o programador assume o risco, se o programa tiver sido concebido erroneamente, de aplicar um programa que não permite ter acesso às melhores estratégias.

Desde então, convém encontrar um compromisso entre o aumento quantitativo na velocidade, por um lado, e, por outro, o número das execuções e a perda possível na qualidade do jogo: fazer com que existam interferências entre diferentes programas que emanam de diferentes programadores permite comparar as qualidades do jogo, desde que não seja limitada exageradamente a rapidez de elaboração das estratégias. Torna-se possível, então, constituir um *modelo* da psicologia do jogador, ou seja, da autorregulação de suas estratégias.

Observe-se que a modelização informática dos processos do pensamento — inicialmente, de natureza lógica — torna-se algo quase biológico desde que seja abordado pelo viés da noção de autorregulação, na medida em que o objeto da investigação é realmente o modo como o pensamento *toma forma*. Eis o motivo pelo qual Turing refere-se também — quando se trata de modelização informática dos processos do pensamento — a entidades bem concretas do mundo, a saber, os *cérebros humanos*, cuja organização parecia-lhe ser modelizável abstratamente pelo viés do conceito lógico de máquina (cf. Turing, 1948, pp. 113-114; e Turing, 1953b, p. 164). Seu objetivo consiste realmente em estabelecer um vínculo entre duas ordens: a da organização do pensamento e a da organização do cérebro. Encontramos aqui, portanto, a ideia — no âmago de seu projeto teórico — segundo a qual a expressão autorreguladora do pensamento é análoga à auto-organização do corpo vivo, se for utilizado o bom "transformador": o conceito *lógico* de máquina de Turing. Vamos estudar, ulteriormente, essa equiparação; por enquanto, devemos insistir nos equívocos engendrados por essa modelização informática do pensamento, concebida a partir de uma análise da noção de jogo.

2.2. O equívoco antropomórfico da modelização informática da atividade do pensamento

A noção de jogo como modelo do pensamento, tal como Turing foi capaz de construí-la, acabou tendo certo número de efeitos negativos tanto sobre a concepção que se pode ter a respeito do pensamento quanto sobre a modelização informática dos processos do pensamento; parece-me oportuno, então, descrever três desses efeitos negativos antes de prosseguir a investigação do projeto teórico de Turing.

Em primeiro lugar, no pressuposto de que o modelo do pensamento emergente da análise do jogo fosse válido para *qualquer* pensamento, Turing esqueceu-se de observar que o jogo é um universo *já formalizado* e, por isso mesmo, deixou na sombra tudo o que, no pensamento, não depende do formal. Ora, os universos formalizados são bastante peculiares porque a atividade, mediante a qual se produz tal formalização, aplica-se apenas a domínios bem específicos: as axiomáticas são um deles, enquanto o outro são os jogos. Nem mesmo há a certeza de que seja pela explicitação de regras que alguém se torna um bom enxadrista porque é, de preferência, a apreensão da pertinência do problema formulado pela partida em curso que estabelece a distinção entre o bom jogador e aquele que está menos bem preparado. De qualquer modo, é difícil conceber, a partir desses casos, uma generalização ao pensamento inteiro, salvo se existir a concepção de que qualquer domínio é por direito formalizável, o que, sem ser algo absolutamente excluído, é pouco verossímil, porque o único interesse de uma formalização reside no fato de que ela incide, pelo contrário, sobre porções limitadas da realidade, cujas propriedades já são bem conhecidas.

Em segundo lugar, ao focalizar sua atenção sobre a noção de jogo, Turing induz a ideia *mentalista* segundo a qual a inteligência seria contida nas regras que se encontram na base das estratégias dos jogadores — ou de seus substitutos computacionais — e, por conseguinte, situar-se-ia no interior de suas mentes. A modelização informática dos processos de pensamento consistiria, então, em conceber a inteligência como um objeto fechado sobre si mesmo do qual conviria revelar os traços característicos, ou seja, as regras (cf. Turing, 1948, p. 118). Mas é possível considerar as coisas de forma diferente: a modelização informática permite, de preferência, testar a pertinência de um programa para a resolução de um problema particular. Ora, um programa é uma expressão do pensamento e destina-se a outros usuários humanos. O que é possível obter do computador pode ser, portanto, concebido como a análise científica dos recursos convocados pelos seres humanos para tornar as interações entre eles mais inteligentes pelo viés das máquinas. O fenômeno da inteligência não seria a expressão de uma *interioridade*, mas manifestar-se-ia, de preferência, como um fenômeno distribuído entre vários seres humanos pela mediação de máquinas.

Em terceiro lugar, ao conceber o tempo de processamento — aliás, a principal função do computador — como autônomo, Turing tinha tendência a facilitar certo antropomorfismo e a atribuir *intenções às máquinas* (cf. ibidem, pp. 116-117). Trata-se de um abuso de linguagem que fez grandes esforços para credenciar a tese segundo a qual haveria continuidade *não problemática* entre a autonomia do tempo de processamento e a autonomia da inteligência propriamente dita. Ora, a noção de inteligência, para ser acessível à investigação científica, deve ter um conteúdo *essencialmente problemático*; e deve continuar sendo formulada a questão de saber se a autonomia do tempo de processamento é suficiente para caracterizar a inteligência. Abrir o campo da inteligência à investigação científica é precisamente abrir um campo indefinido em torno de um problema, da mesma forma que a tradição filosófica faz remontar, por um lado, a Tales de Mileto (c. 640-546 a.C.) a abertura indefinida do campo da geometria em torno do problema do espaço e, por outro, a Galileu (1564-1642) a abertura indefinida do campo da física matemática em torno do problema do movimento. Em suma, despojar a inteligência de seu estatuto de problema seria precisamente sair do domínio da ciência.

A generalização[35] de tal abuso de linguagem — que, no início, visava sem dúvida popularizar esse tipo de modelização — parece-me ter prejudicado seriamente o objetivo que, supostamente, ele pretendia defender. Ironia da história quando temos em mente sua profecia no encerramento da palestra pronunciada na London Mathematical

---

35. Mesmo considerada abusiva por mim, tal generalização acabou dando origem a asserções que variam da perspectiva mais otimista (cf. Putnam, 1960) até a mais pessimista (cf. Jastrow, 1981).

Society, em 1947: os especialistas de informática, por medo de serem substituídos por máquinas, procurariam cercar-se de um vocabulário absconso para tentar uma melhor dissimulação de sua perda progressiva de competência (cf. Turing, 1947, p. 102)... Com efeito, considerado ao pé da letra, o abuso de linguagem relativamente à autonomia das máquinas deveria levar à conclusão de que elas poderiam dispensar os seres humanos e reduzir-nos, finalmente, ao silêncio.

3. Modelização informática da organização do corpo

Vamos passar agora para o segundo componente do projeto de Turing relativamente à "construção de um cérebro", o componente propriamente biológico. Turing esperava mostrar que era possível assistir, por meio da construção de um modelo matemático apropriado, ao *surgimento de uma auto-organização no âmago da matéria física*, que era possível assistir à constituição da ordem do próprio ser vivo. Além disso, ele visava ao uso futuro de uma modelização informática de tal fenômeno.[36]

Existe certo paradoxo em considerar a biologia sob a perspectiva da auto-organização a partir de um estado indiferenciado da matéria física. Com efeito, seria possível pensar que Turing, em razão do contexto — tanto as pesquisas na área da biologia molecular que levariam

---

36. Como ocorre no caso da modelização informática dos processos de pensamento, esse tipo de pesquisa — cuja criação teve a contribuição de Turing — só se desenvolveu realmente muito tempo depois de sua morte. No caso da auto-organização físico-biológica, as pesquisas só foram empreendidas de maneira sistemática depois da década de 1970, aliás, no momento em que foi possível efetuar os cálculos exigidos por elas, ou seja, muito mais complexos em relação àqueles que os primeiros computadores eram capazes de elaborar.

Watson e Crick à descoberta da estrutura do DNA, no Laboratório Cavendish da Universidade de Cambridge, em 1953[37], quanto suas pesquisas anteriores —, tivesse tentado operar uma modelização informática da genética, em um cruzamento inédito dos conceitos de evolução darwiniana, de genética mendeliana e de máquina de Turing. Ora, suas pesquisas na área da biologia não incidiram sobre a análise da estrutura dos programas que dão conta do maquinismo interno necessário à manutenção da vida do organismo, nem sobre a modelização informática da organização neural quando, afinal, ele havia estabelecido as primeiras balizas desse último tipo de modelização.[38] Na realidade, Turing não se esquivou de aplicar suas competências na área da matemática e da informática à biologia — veremos que, pelo contrário, elas desempenharam aí um papel proeminente —, mas inspirou-se, de preferência, na obra de um biólogo e matemático escocês, extremamente interessado tanto por filologia clássica quanto pelos diferentes domínios da matemática: D'Arcy Wentworth Thompson (1860--1948), que tinha escrito em 1917 um livro destinado a explicar a estrutura das formas no mundo dos seres vivos a partir de processos físico-químicos (cf. D'Arcy Thompson, 1917).

---

37. Ao serviram-se de conhecimentos já adquiridos — tanto pelo fisiologista neozelandês Maurice Wilkins (1916-2004) e pela biofísica britânica Rosalind Franklin (1920-1958), ambos professores do King's College, quanto pelo químico quântico e bioquímico norte-americano Linus Pauling (1901-1994), do California Institute of Technology (Caltech), sobre as estruturas de biomoléculas complexas —, Francis H. Crick (1916-2004) e James D. Watson (1928-) completaram as ideias de seus predecessores e concluíram que o DNA era formado por duas fitas helicoidais entrelaçadas. Em 25 de abril de 1953, a revista *Nature* (vol. 171, nº 4356, pp. 737-738) publicou o artigo "A structure for deoxyribose nucleic acids" [Estrutura molecular dos ácidos nucleicos], assinado por esses dois pesquisadores. [N.T.]
38. Cf. supra, § 1.3.2.3., "A noção de máquina auto-organizada".

D'Arcy Thompson formulava-se a questão de saber como uma forma se produzia fisicamente na natureza; tal questionamento deveria preceder, logicamente, a questão darwiniana de saber por que motivo seria vantajoso para o organismo que esta ou aquela forma viesse a ser selecionada. De maneira mais profunda, D'Arcy Thompson pretendia resolver o problema da *homologia da organização*: se fosse possível limitar-se a uma análise neodarwiniana para explicar o crescimento graças à ação de um gene ou de um grupo de genes em organismos aparentados, tal explicação deixava de ser suficiente quando uma forma idêntica aparecia em organismos não aparentados.[39] Ao retomar o problema no ponto em que D'Arcy Thompson o tinha deixado, Turing aventava a hipótese de que a questão da homologia da forma deveria ser explicada pela presença de um processo geral subjacente; ele dedicou-se com afinco a responder a esse tipo de problema que tinha a ver com a teoria da *morfogênese*, da qual procurou construir os alicerces físico-químicos.

3.1. A morfogênese

Turing ia enfrentar um problema que, em muitos aspectos, tinha a ver com as *origens*: partindo de um estado homogêneo da matéria caracterizado por sua simetria espacial, tratava de estudar as condições da ocorrência de uma quebra de simetria na origem de uma organização.[40]

---

39. Cf. Turing e Wardlaw, 1953, p. 38. Turing fala de "desenvolvimentos homoplásticos".
40. A esse propósito, observemos que, do ponto de vista do vocabulário, Turing designa o fenômeno da quebra de simetria por "instabilidade catastrófica" (Turing, 1952, p. 59). É conhecida a sorte dessa expressão, aprofundada pelo matemático francês R. Thom (1923-2002), cuja "teoria das catástrofes" tenta apresentar uma visão geral das formas a partir de suas dinâmicas subjacentes (cf. por exemplo, Thom, 1972).

Com base nas leis físicas da dinâmica, ele procurava conceber a fase de transição que precipitava uma mudança qualitativa capital no estado da matéria, tornando possível a justificação da existência da organização sem que houvesse a intervenção de leis "suprafísicas" com estatuto incerto. Para isso, impunha-se construir um modelo matemático do fenômeno físico, mediante a tentativa de imaginar sua natureza.

3.1.1. Modelização matemática

O modelo matemático deveria explicar a passagem de um sistema em estado de equilíbrio simétrico sem forma para um novo estado de equilíbrio não simétrico que constitui uma forma. Essa passagem era o resultado de uma "reação-difusão" (cf. Turing, 1952, § 1, p. 1) na química dos componentes do sistema. Aliás, Turing não negava que outros fatores, além daqueles propriamente químicos, pudessem intervir no processo de morfogênese, em particular fatores cinemáticos e elétricos. Mas é a complexidade do processo a descrever que lhe parecia exigir um tratamento simplificado e limitado unicamente às reações químicas; estas poderiam ser estudadas por meio de um conjunto de equações diferenciais.

Uma equação *diferencial* é aquela em que a incógnita é uma *função*; o condicionamento a que esta deve submeter-se diz respeito à relação entre a função e suas derivadas. Ao serem utilizadas na física, tais equações permitem explicar a evolução temporal de um sistema (por exemplo, no modelo newtoniano da mecânica celeste): ao restringir o comportamento da função em relação à variável temporal, é possível, com efeito — a partir das condições iniciais dadas do sistema —, deduzir seu comportamento subsequente em qualquer momento do tempo, porque a função estabiliza-se em determinada forma. Mas pode ocorrer que uma forma estabilizada em seu conjunto se torne instável localmente, sem deixar, no entanto, de ser descritível por equações diferenciais, verificando-se que certas soluções acarretam bifurcações. Pode-se, por exemplo, prever a constituição progressiva de um montículo de areia se deixarmos cair uma sequência de grãos de areia na posição vertical, mas pode-se também prever, do ponto de vista matemático, que esse montículo tornar-se-á inevitavelmente instável e que essa forma acabará por desmoronar-se indiferentemente para a direita ou para a esquerda, introduzindo assim uma ruptura de simetria no cone de areia, devido a perturbações locais que ocorrem de maneira aleatória (forças de atrito, tamanho variável dos grãos, perturbação na queda dos grãos, etc.). Quanto a Turing, ele utiliza um exemplo de natureza biológica (cf. ibidem, § 4): um sistema possui uma simetria esférica cujo estado é alterado sob o efeito de uma reação-difusão química. Não há nenhuma razão para pensar que essa reação-difusão afetará a simetria esférica que deveria perdurar para sempre: assim, um cavalo — que não tem simetria esférica — não pode provir, segundo parece, de uma célula esférica sob o simples efeito de uma reação-difusão. Mas tal dedução não levaria em consideração o efeito de ligeiras perturbações que, ao se adicionarem, acabam por engendrar um estado instável no sistema e quebram a simetria esférica. Deve-se então estudar a restauração de uma nova estabilidade pela constituição de uma forma, no caso concreto, do cavalo. O objetivo do modelo de Turing consiste precisamente em explicar, em suas grandes linhas, tal restauração.

Esse modelo assume duas formas, dependendo do fato de considerarmos um sistema dividido em células ou um sistema contínuo. Turing mostra que a morfogênese se produz de maneira bastante idêntica e que, portanto, não há razão para fazer intervir uma verdadeira oposição real entre os dois casos. O que conta, na verdade, é o *estado do sistema*, cuja descrição é dividida em duas partes: a primeira, mecânica; e a outra, química. No modelo celular, a parte mecânica consiste em estudar as forças que interagem entre as posições, os volumes, as velocidades e a elasticidade das células; enquanto no modelo contínuo a mesma informação aparece sob a forma apropriada (tensão, velocidade, densidade e elasticidade do material). A parte química do estado do sistema aparece, no modelo celular, sob a forma da composição química no interior de cada célula e da difusão entre células adjacentes; no modelo contínuo, estuda-se a concentração e a difusão de cada substância em cada ponto.

Turing faz intervir, então, duas substâncias ideais, X e Y — designadas por ele como "morfogenes" —, em que a primeira desempenha o papel de ativador, enquanto a outra, o de inibidor, e que se encontram em um estado estável. Uma perturbação aleatória, da qual Turing imagina algumas causas possíveis — movimento browniano, efeito físico de outras estruturas nas proximidades, ligeiras diferenças de forma nas células, presença de outras reações químicas, mudança de temperatura (cf. ibidem, § 11, p. 30) —, acarreta, em um dos morfogenes, uma produção suplementar que provoca como reação uma produção suplementar por parte do outro morfogene; aparece, localmente, um pico de produção que mantém a estabilidade. Mas as coisas modificam-se no momento seguinte, o da difusão, porque é possível que as velocidades de difusão de cada morfogene não sejam iguais: se um dos morfogenes difunde-se mais rapidamente do que o outro, desaparece o estado de estabilidade, aparecendo assim flutuações sob a forma de ondas. A onda é, portanto, a expressão da periodicidade da concentração de um morfogene. Ao difundir-se, cada morfogene leva a alterar a concentração local dos morfogenes através do tecido e acaba por engendrar uma instabilidade global.

Turing observa que existem diferentes tipos de estabilizações possíveis porque se, em longo prazo, a difusão deve — de acordo com as leis da termodinâmica — estabilizar o sistema em um estado amorfo, há, em curto prazo, fases transitórias para as quais é possível determinar a amplitude, a velocidade e a frequência das ondas que se propagam através de todo o sistema, ao fazer variar localmente os parâmetros das equações diferenciais correspondentes às diferentes velocidades de difusão. A instabilidade do sistema transforma-se assim em uma distribuição periódica das concentrações dos morfogenes. As ondas que fazem oscilar o estado do sistema dependem das reações químicas em curso, bem como da forma espacial do próprio tecido (por analogia, pode-se imaginar tanto a onda provocada pelo lançamento de um seixo na água estagnada de um lago quanto os ricochetes da onda a partir das bordas). Dois tipos de ondas são possíveis: as ondas moventes e as ondas estacionárias. Estas últimas são as mais espetaculares na medida em que desenham motivos estáveis; além disso, elas aparecem em determinada área quando a concentração de um morfogene é estável no decorrer do tempo e quando existe, deste modo, um equilíbrio entre a contribuição e o consumo do morfogene. A forma ondulatória torna-se, então, mais regular e fica em um estado estável: ela aparece estacionária (cf. Turing e Wardlaw, 1953, p. 42).

São essas ondas — imobilizadas em um estágio do desenvolvimento do organismo por outro mecanismo, cuja descrição é deixada de lado por Turing — que se identificam às formas encontradas na natureza.[41] Assim, Turing

---

41. Turing não tem a pretensão de mostrar que todas as formas dependem do tipo de ondas identificado por ele. Em particular, ele reconhece que

teria sugerido que é através desse processo morfogenético que a informação química, contida nos genes, é convertida em forma geométrica. As formas aparecem então como *fenômenos de auto-organização temporal e espacial que são o resumo da história do desenvolvimento do organismo*.

Para Turing, um caso parece ser particularmente interessante do ponto de vista teórico, por causa de sua simplicidade: o da reação-difusão em uma estrutura em anel, seja ele dividido em células, seja contínuo (cf. Turing, 1952, § 6, 7 e 8). Ao desenvolver esse caso particular, ele distingue, segundo sua amplitude, seis espécies de ondas que pertencem aos dois tipos principais das ondas, seja moventes ou estacionárias (cf. ibidem, § 8, p. 14); em seguida, tendo definido os seis casos, ele procura materializá-los com exemplos extraídos da natureza.

3.1.2. Exemplos

Como acabamos de observar, Turing enfatizou, no modelo, o que permite dar conta de todos os fenômenos, cuja simetria assemelha-se à de um anel, ou seja, de uma entidade em duas dimensões. Ele descreve, de forma mais particular, dois exemplos: o primeiro — do qual ele fornece uma interpretação numérica graças a cálculos efetuados, diz ele, "à mão" (cf. ibidem, § 9, p. 23) — refere-se à constituição de manchas que podem ser comparadas àquelas que aparecem na pelagem de alguns animais. Elas são obtidas a partir da difusão de um só morfogene,

---

a escolha de uma simetria — esquerda ou direita — no nível molecular não é o resultado do modelo da onda estacionária (cf. Turing, 1952, § 5, pp. 8-10).

submetido a perturbações aleatórias de amplitude bastante baixa (cf. ibidem, § 9, p. 23 e § 11, p. 30).

O outro exemplo é o de um pequeno pólipo transparente — a hidra de água doce (*Hydra*) — que possui cinco a dez tentáculos: esse animal parece ser, para Turing, o caso natural mais próximo daquele desenvolvido em seu modelo. Turing deixa de lado a forma tubular da *Hydra* e limita-se a estudar uma seção circular do túbulo. O modelo permite analisar o início do crescimento dessa estrutura circular:

> Se cortarmos uma parte da *Hydra* do resto do corpo, essa parte irá recompor-se para formar um novo organismo completo. Em determinada etapa desse processo, o organismo atingiu a forma de um tubo, aberto no lado da cabeça e fechado na outra extremidade. O diâmetro externo é um pouco mais grosso no lado da cabeça que no resto do tubo; o conjunto possui ainda uma simetria axial. Em uma etapa ulterior, a simetria desaparece a ponto de fazer com que um colorante específico tenha a capacidade de levar a sobressair certo número de placas no lado da cabeça que ficou mais ampliado. Tais placas manifestam-se nos lugares em que, mais tarde, os tentáculos hão de aparecer. (cf. ibidem, § 11, p. 32)

O estabelecimento de uma onda estacionária na concentração de morfogene permite explicar a formação da estrutura das placas no anel, nos locais em que hão de aparecer os tentáculos.

No caso de um espaço tridimensional[42], o modelo permite dar conta de fenômenos tais como o da gastrulação

---

42. Esse caso, segundo parece, não suscita para Turing dificuldades suplementares, tanto mais que é objeto de um único parágrafo. No entanto,

em um corpo esférico, ou seja, o derradeiro estágio da evolução embrionária.

3.1.3. Simulação informática

Turing chegou a aperceber-se — verdadeira proeza — das estruturas também transitórias praticamente sem a ajuda do computador.[43] Hoje em dia, esse aparelho permite verificar, de maneira quase experimental o que, por convenção, é designado como as "estruturas de Turing"[44]: ao simular o fornecimento de reativos, ou seja, ao afastar o estado do sistema para longe da estabilidade, ele permite a subsistência, de fato, dessas fases transitórias.

No último parágrafo de seu artigo de 1952, Turing esboça, entretanto, a utilização futura da simulação informática no âmbito da modelização matemática proposta por ele. Ciente da nova simplificação operada pelo computador que efetua aproximações sobre certo número de casos particulares para os quais não existem soluções gerais no modelo matemático, Turing não deixa de considerar tais aproximações como algo "bastante esclarecedor" (cf. Turing, 1952, § 13, p. 72), pelo fato de

---

45 anos mais tarde, continua a formular-se a questão de saber se o processo químico de reação-difusão desempenha um papel no desenvolvimento embrionário e, no caso afirmativo, quais seriam suas características (cf. Kepper, Dulos et al., 1998, p. 89).

43. Turing indica com precisão que, se o caso numérico estudado no § 10 foi executado graças à ajuda do computador de Manchester, os cálculos na maior parte das vezes foram feitos à mão.

44. Cf. Coullet, 1998. Deve-se observar, todavia, que se tornou possível visualizar as estruturas de Turing não exclusivamente pelo viés de simulações informáticas, depois que foram desenvolvidos reatores químicos chamados "espaciais abertos" que permitem, ao mesmo tempo, continuar alimentando a reação-difusão e eliminar os produtos consumidos (cf. Kepper, Dulos et al., 1998).

permitirem mesmo assim ter uma ideia dos processos estudados.

Assim, a utilização do computador começaria por tornar-se *uma peça central no dispositivo que permite explicar fenômenos*: ele introduzia não só um extraordinário aumento quantitativo da capacidade de cálculo, tal como era exigido pelo uso das equações diferenciais no âmbito da modelização, mas também modificava o *tipo* de fenômenos suscetíveis de receber um tratamento matemático. O objeto desse tratamento tem a particularidade de não se limitar ao natural nem ao artificial: o exemplo das relações de reação-difusão entre os morfogenes, tais como eles são estudados por Turing, é, desse ponto de vista, esclarecedor, por tratar-se de objetos matemáticos sem realidade *fenomenal* a respeito dos quais é estipulado — pelo lugar que ocupam no dispositivo de simulação — que eles não deixam de possuir certa pertinência biológica, mesmo que esta não seja comprovada. Trata-se, portanto, de uma hibridação de um novo gênero entre *idealidade matemática* e *realidade material* que, pela simulação informática, constitui uma experimentação a meio caminho do nível matemático e do nível fenomenal: as restrições encontradas não são aquelas do espaço-tempo da física, mas — tendo submetido alguns casos particulares do modelo matemático instalado ao tempo particular do tratamento da simulação informática — descobre-se, no entanto, traços característicos que têm valor de explicação relativamente aos fenômenos biológicos estudados. O modelo matemático, seguido de uma simulação informática, torna-se então uma interpretação metódica, supervisionada informaticamente, cujo futuro apresenta-se como bastante promissor.

Além de uma simples ferramenta de ajuda ao cálculo, o computador poderia ser, portanto — conforme sugeria Turing —, um *verdadeiro instrumento novo para a investigação da natureza* e ele iria demonstrá-lo quando aplicou sua teoria da reação-difusão morfogenética ao domínio da botânica. Por que motivo passar de considerações referentes ao reino animal para observações relativas ao reino vegetal? Esbarra-se rapidamente, no cerne do reino vegetal, no problema da homologia da organização, tal como ele havia sido elucidado por D'Arcy Thompson: existia aí, portanto, um terreno privilegiado para experimentar o modelo de reação-difusão (cf. Turing e Wardlaw, 1953, pp. 38-39). Além disso, esse domínio tinha a vantagem de aparecer, no entender de Turing, como um caso relativamente simples de morfogênese.

3.2. Aplicação do modelo morfogenético ao domínio da botânica

Turing estudou um domínio particular, o da *filotaxia*, ou seja, a disposição das folhas no caule das plantas e das pétalas nas corolas das flores. Problema simples em comparação com o que pode produzir-se no reino animal, mas — fato reconhecido pelo próprio Turing — em troca de uma imensa dificuldade matemática[45]; além disso, o estudante da morfogênese estava habituado, em geral, a debruçar-se sobre "materiais visíveis e tangíveis", enquanto o modelo de reação-difusão ia encaminhá-lo para "domínios do pensamento [que não lhe eram] familiar[es] — o reino do irrepresentável" (cf. Turing e Wardlaw, 1953, p. 47). No entanto, Turing defendia que essa era a única via a seguir para superar a maneira superficial adotada

---

45. Turing observa, por exemplo (Turing, 1953, p. 120), que é impossível seguir, do ponto de vista matemático, o processo de mudança anatômica no desenvolvimento da margarida.

na descrição geométrica dos fenômenos e chegar a suas causas, que residem em processos subjacentes.

Nem todas as pesquisas no domínio da filotaxia — empreendidas, em parte, em colaboração com o botânico britânico Claude W. Wardlaw (1901-1985) e com o especialista em informática B. Richards (1932-) — foram publicadas enquanto Turing era vivo[46]: dependendo da maneira de apresentar o processo químico da morfogênese, verifica-se uma alternância entre descrição geométrica e modelização matemática.

3.2.1. Descrição geométrica

Em um caule com folhas, observa-se certo número de regularidades: três são particularmente significativas. Em primeiro lugar, o aspecto de espiral de sua disposição: se o caule é assimilado a um cilindro, observa-se que as folhas não estão dispostas em linhas verticais, mas em linhas oblíquas, e que sua disposição tem a forma de uma hélice de pá, configurada para determinada espécie. Ao achatar o cilindro em questão, obtém-se uma treliça em que as folhas ocupam pontos de interseção que desenham as linhas oblíquas. Para medir a pá da hélice, toma-se a posição do ponto de vista do crescimento do caule: ao partir de um ponto

---

46. Três artigos foram reproduzidos em *Collected Works* (cf. Turing, 1992c). Em 1953, Claude W. Wardlaw forneceu uma versão ligeiramente modificada do artigo escrito em conjunto com Turing, "A Diffusion-Reaction Theory of Morphogenesis in Plants" [Teoria de difusão-reação da morfogênese nas plantas]; cf. Wardlaw, 1953. Quanto à terceira parte do manuscrito — "Morphogen Theory of Phyllotaxis" [Teoria morfogenética da filotaxia] —, que aborda o caso particular das equações morfogenéticas para a simetria esférica, foi elaborada por B. Richards, mas foi Turing quem lhe sugeriu o problema estudado para servir de validação de sua tese de PhD (cf. Saunders, 1992c, p. XIII e também disponível em <http://www.rutherfordjournal.org/article010109.html)>.

qualquer do caule — por exemplo, o extremo inferior — e, ao dirigir-se para uma extremidade, observa-se que, para alcançar a vertical do ponto de partida, deve-se efetuar certo número de voltas, e que esse número, correspondente à pá da hélice, é constante para o tipo de plantas estudado. Enfim, observa-se que, de um tipo de plantas para outro, o número em questão é variável, mas faz parte quase sempre de uma sequência infinita bem conhecida dos matemáticos, ou seja, a sequência chamada "de Fibonacci", segundo a qual cada número — salvo os dois primeiros — é a soma dos dois precedentes. O começo da sequência em questão apresenta-se sob a forma: 1, 1, 2, 3, 5, 8, 13, 21, 34, 55, 89, 144... Tal sequência possui numerosas características em que a mais célebre refere-se ao fato de que a relação entre dois de seus elementos converge para um número irracional bem conhecido na história da arte, o *número de ouro*,

$$\frac{\sqrt{5} \pm 1}{2},$$

cuja relação, conhecida desde a Antiguidade, era considerada harmoniosa.[47]

---

47. O crescimento das plantas parece, portanto, obedecer a uma lei bastante simples de recorrência que pode exprimir-se sob a forma da fração contínua

$$\cfrac{1}{1 + \cfrac{1}{1 + \cfrac{1}{1 + \cfrac{1}{\ldots}}}}$$

na qual o numerador e o denominador fazem aparecer sempre a relação de dois números de Fibonacci consecutivos:

$$\frac{1}{1+1} = \frac{1}{2}, \quad \frac{1}{1+\cfrac{1}{1+1}} = \frac{2}{3}, \ldots$$

Nesse aspecto, Turing encontrava-se em terreno conhecido; de fato, sua carreira de matemático havia sido dedicada, desde sempre, aos problemas de análise numérica para os quais era necessário encontrar métodos algorítmicos de aproximação, e cuja máquina tinha sido inventada no contexto do cálculo da expansão decimal dos números irracionais.

Ao debruçar-se sobre as questões de filotaxia, Turing voltava a encontrar, portanto — mas sob uma forma diferente —, um interesse na área da matemática que, aliás, ele nunca havia deixado: tratava-se não apenas de descobrir as ferramentas matemáticas adequadas para efetuar um cálculo, mas de *explicar por que determinado cálculo era capaz de dar conta de tal fenômeno*. Ora, como responder à questão de saber o motivo pelo qual era a sequência de Fibonacci, e não outra, que permitia explicar o crescimento das folhas ou das pétalas das flores? De forma mais geral, a razão do fenômeno escapava à simples nomenclatura geométrica; impunha-se, portanto, interessar-se pelo processo genético do crescimento para conseguir responder a todas as questões que a simples análise geométrica permitia enunciar, mas às quais ela era incapaz de responder.[48]

A abordagem geométrica permite efetuar uma classificação, mas não fornece a razão dos diferentes tipos de organização no espaço. Turing vai procurá-la, por conseguinte, em outro lugar: nos processos temporais que seu modelo de reação-difusão permite descrever, e que deve

---

48. Cf. Turing e Richards, 1953-1954, p. 72: "[...] embora resulte daí logicamente que os números principais [das espirais] sejam semelhantes aos da sequência de Fibonacci, a hipótese em si mesma é totalmente arbitrária e permanece inexplicada. Seu mérito consiste em substituir uma lei empírica de aparência bastante estranha e mágica por algo mais simples e menos misterioso. A questão continua em aberto: por que a hipótese da filotaxia geométrica teria consistência? E, a essa questão, a abordagem geométrica *é incapaz* de responder."

conseguir mostrar o modo como processos físico-químicos engendram formas geométricas específicas.

3.2.2. Aplicação do modelo da reação-difusão

Turing retoma seu modelo de reação-difusão, adaptando-o para o caso da filotaxia; trata-se, para ele, de conseguir mostrar a equação diferencial — com derivadas parciais — correspondente às reações químicas que dão conta da gênese filotáxica, e *apenas dessa gênese*. Para responder de maneira totalmente satisfatória à questão, conviria saber antecipadamente o que outras reações químicas engendram como tipo de comportamentos geométricos: mediante essa única condição é que seria possível determinar se elas abrangem, ou não, todos os casos das formas vivas. Infelizmente, o número de soluções das equações diferenciais, para esse tipo de sistemas, é demasiado elevado para que se possa responder a essa questão.

Às restrições gerais relacionadas ao aspecto estatístico das reações químicas e da difusão, deve-se adicionar — no caso de uma modelização morfogenética da filotaxia — as restrições específicas relativas à superfície cilíndrica correspondente à geometria do caule.

Na última parte de seu estudo[49], Turing deduz daí, curiosamente, a possibilidade de uma comparação com espécies animais quando, afinal de contas, haveria a expectativa de observações referentes ao reino vegetal.

A espécie viva que se encontra mais próxima de uma forma esférica harmoniosa é do tipo *Radiolaria*: os

---

49. Cf. ibidem, pp. 114-116. Considerando que a parte matemática desse estudo foi empreendida por B. Richards, é possível que essa comparação tenha sido forjada por ele.

radiolários são uma classe de organismos marinhos unicelulares, rodeados por um esqueleto de sílica que lhes garante suporte e proteção. Os numerosos tipos de esqueleto apresentados pelo animal são relacionados por Turing às diferentes concentrações dos materiais difundidos, mas sem deixar de acrescentar o fato de que esses materiais são, neste caso particular, de natureza orgânica ou inorgânica — salinidade da água, papel desempenhado pela sílica — e podem servir de freio ao crescimento; aliás, Turing equipara esse freio a um veneno (cf. Turing e Richards, 1953-1954, p. 98).

Os manuscritos morfogenéticos deixados por Turing não permitem saber o sentido que teria assumido a aplicação do modelo de reação-difusão a outros casos; seja como for, o modelo será retomado com sucesso a partir da década de 1970.

4. Consequências epistemológicas e filosóficas

Que conclusão deve ser tirada a respeito do projeto de "construir um cérebro"? Limitar-me-ei, aqui, à exposição de duas consequências: a primeira, de ordem epistemológica; e a outra, de ordem filosófica.

4.1. Consequência epistemológica

Embora o projeto que Turing se empenhou em desenvolver tenha chegado a nós sob uma forma inacabada, tivemos a possibilidade de desenhar seus contornos e de tentar, a partir deles, posicionar — umas em relação às outras — as diferentes disciplinas envolvidas.

A informática ocupa um lugar especial no projeto que consistia em "construir um cérebro": em muitos aspectos, podemos dizer que ela é seu alicerce, do ponto de vista tanto cronológico quanto lógico, se sublinharmos imediatamente que é *em virtude de suas capacidades para fazer surgir novos fenômenos*, e não pelo fato de que ela seria exigida unicamente para executar os cálculos relacionados com uma modelização, que, aliás, ocorreria sem sua intervenção.

Essa observação permite determinar, ao mesmo tempo, as relações estabelecidas entre a *modelização das expressões do pensamento* e a *modelização da organização do corpo*. Quando analisamos, de maneira geral, o projeto de Turing, tendemos a insistir no seu papel fundamental nas primeiras modelizações das expressões do pensamento, deixando de lado o que tem a ver com a organização do corpo. É possível aventar uma razão para isso: enquanto a modelização das expressões do pensamento foi constituída como disciplina autônoma sob a expressão — aliás, tão criticável — de "inteligência artificial", tal situação não ocorreu com a morfogênese que não deu origem à constituição de uma disciplina de pleno direito, pelo menos não antes de nossa época.[50] É fácil, então, cometer o erro de insistir na parte do projeto de Turing cujo estatuto científico foi de imediato reconhecido, enquanto suas pesquisas morfogenéticas — pelo fato de não terem tido essa posteridade — corriam o risco de permanecer na sombra, enquanto simples apêndice pessoal de uma obra científica já constituída.

Ao descrever seu projeto de maneira global, torna-se possível corrigir um duplo erro: do ponto de vista histórico relativamente ao projeto do próprio Turing e, mais

---

50. É possível que — sob a influência, por um lado, da teoria dos sistemas dinâmicos e, por outro, das possibilidades cada vez maiores de modelização informática — a situação esteja em via de modificar-se.

profundamente, do ponto de vista epistemológico em relação ao estatuto a atribuir aos modelos desenvolvidos na inteligência artificial, na medida em que até o presente houve tendência para subestimar — e, inclusive, para deixar no silêncio — o fato de que esses modelos *só adquirem sentido em relação a um meio auto-organizado* que nunca aparece diretamente no modelo. Ora, esta é realmente a lição que pode ser extraída do itinerário de Turing: o fato de colocar em perspectiva os modelos, pensados em conjunto, da inteligência artificial e da morfogênese permite mostrar que um não funciona sem o outro.

Assim, conviria não contentar-se em afirmar que o interesse dos modelos desenvolvidos na área da inteligência artificial reside no fato de que eles são neutros em relação a qualquer substrato físico possível, sejam eles humanos ou não humanos, e em acreditar, por conseguinte, que se pode dispensar uma reflexão sobre a relação que esses modelos mantêm com a biologia e com seu substrato auto-organizado. A questão, no próprio âmago do projeto de Turing, permanece em aberto: qual relação mantém a informática, independentemente de qualquer substrato físico, com o substrato físico auto-organizado, quando sabemos que essa expressão do pensamento — que é a informática — desenvolve por si mesma uma forma de auto-organização, como é testemunhado por seu próprio fundamento, ou seja, o conceito de máquina de Turing?[51] Tal questão está fora do âmbito propriamente epistemológico: fornecer-lhe uma resposta implica uma reflexão sobre a pertinência da informática na determinação objetiva da natureza.

---

51. Cf. cap. II, § 4.2.3., "Fundamento biológico do conceito de máquina de Turing".

4.2. Consequência filosófica

Dois pontos devem ser especificados no que diz respeito à relação que a informática mantém com os diferentes domínios da matemática e com as ciências naturais.

Em primeiro lugar, a modelização informática distingue-se de uma modelização matemática pelo fato de que ela opera uma aproximação de *alguns* casos, cujas soluções já foram encontradas, em relação a equações do modelo matemático para as quais não há uma solução geral. Ela não tem, portanto, o mesmo estatuto de um modelo matemático, do qual ela limita-se a representar — poder-se-ia dizer — o esboço computável.

Em segundo lugar, a modelização informática desenrola um tempo que não é diretamente o do espaço-tempo da física, mas o de determinado tratamento físico da escrita. A simulação informática constitui, no entanto, uma *experimentação* a meio caminho do nível matemático e do nível fenomenal na medida em que, ao submeter alguns casos particulares do modelo matemático desenvolvido ao tempo particular do desenrolar dessa simulação, ela permite descobrir certo número de traços característicos que não são sem pertinência em relação aos fenômenos físicos estudados.

Como é que, apesar dessas duas restrições que parecem afastá-la de uma determinação objetiva da natureza, a modelização informática permite, no entanto, coletar alguns de seus traços pertinentes do ponto de vista tanto físico quanto biológico?

Para fornecer alguns elementos de resposta, devemos debruçar-nos sobre a natureza da simulação informática; aliás, o único interesse desta reside no fato de estar acoplada, por meio da eletrônica, a um tempo de processamento que não é o de um processamento humano.

É precisamente essa defasagem *física* nos tempos de processamento que fornece — quando os resultados do processamento informático são interpretáveis pelo ser humano — uma elucidação diferente sobre o real.

Há, portanto, alguma facilidade intelectual — que se encontra frequentemente disseminada como "inteligência artificial"[52] — em limitar-se a considerar a informática em sua independência relativamente aos substratos físicos, na medida em que é precisamente pelo fato de manter relações com um tipo particular de substrato que, para os seres humanos, ela oferece interesse. É por essa defasagem nos tempos de processamento que a informática pode reivindicar uma pertinência física na modelização; mas é também porque essa defasagem permanece interpretável que ela tem um escopo para os seres humanos. Assim, a interação entre os seres humanos e suas expressões algorítmicas, materializadas sob a forma de máquina, seria verdadeiramente *criadora de forma*.

Por analogia, pode-se dizer que a defasagem na rapidez de processamento entre o ser humano e o computador é comparável à defasagem de velocidade de reação-difusão de cada morfogene no modelo morfogenético de Turing, na medida em que é precisamente essa defasagem que é produtora de forma.

Eis a ideia que, em meu entender, é defendida por Turing no único artigo filosófico redigido por ele, e cuja análise é objeto do próximo capítulo.

---

52. De acordo com a observação de Jean-Pierre Dupuy, citando W. McCulloch, in Dupuy, 1994, p. 56.

IV
A coerência do projeto de Turing: do símbolo ao simbólico

Empenhamo-nos em caracterizar a articulação entre o ser humano e suas expressões algorítmicas materializadas em máquinas como *criadora de forma*. Turing consegue pensar essa criação de forma por meio da noção de jogo, cuja principal característica consiste em ser *formal quanto às regras e*, simultaneamente, *auto-organizada quanto à partida*. Um jogo exige, com efeito, um número fixo e imutável de regras; mas, inclusive nos jogos que não são assim tão complicados — tal como o xadrez ou, mais ainda, o jogo de *go* —, as possibilidades combinatórias oferecidas por essas regras são de tal modo gigantescas que é difícil, para não dizer impossível, prever o desenrolar da partida e saber qual será o resultado final: no caso concreto, a estratégia "correta" é aquela que pode adaptar-se progressivamente à estratégia adversária com o objetivo de superá-la.[1]

Essa adaptação progressiva consiste em tornar-se consciente, antecipadamente, da estratégia perseguida pelo adversário; nesse aspecto, existe material para proceder a

---

1. Cf. cap. III, § 2.1.1.1., "O jogo como modelo geral do raciocínio no incerto"; e § 2.1.1.2., "As estratégias probabilísticas nos jogos e sua utilização na modelização informática dos processos de raciocínio".

uma investigação *psicológica*, visto que se trata de descobrir as intenções do adversário. Já foi indicado que é possível tomar nota das etapas lógicas dessa adaptação progressiva em um programa que acabaria jogando contra si mesmo.[2] O programa em questão aparece, desse ponto de vista, como um modelo da investigação empreendida pelos seres humanos no decorrer de uma partida: o autor (ou os autores) do programa pode estar ciente do que lhe é impossível prever. Assim, ele está em condições de descobrir, graças ao desenvolvimento do programa, o que ignora a respeito de si mesmo, ou seja, o desenvolvimento infinito das próprias estratégias autoadaptativas.

Esse tema, parece-me, é elucidado por Turing em seu artigo filosófico[3], redigido enquanto ele estava mergulhado em suas pesquisas morfogenéticas, e cuja análise é objeto do presente capítulo.

1. Psicologia e mecanismo

Nesse texto, Turing defende — o que hoje em dia parece ser familiar para nós — que vai mostrar em que sentido é possível atribuir inteligência às máquinas.[4] Esse ponto de vista, *sob a forma que lhe foi dada por Turing*, não foi de modo algum analisado, e reproduziu-se, de preferência, o sentido geral de sua argumentação. Ainda recentemente, um dos mestres incontestáveis da escola francesa de lógica, Jean-Yves Girard, afirmava que "o problema da máquina

---

2. Cf. cap. III, § 2.1.2., "A noção técnica de imitação".
3. "Computing Machinery and Intelligence" [Máquina de calcular e inteligência], cf. Turing, 1950a.
4. Eis o motivo pelo qual seu artigo, ao ser considerado como o primeiro texto de "inteligência artificial", merece destaque em numerosas antologias. Cf. por exemplo, Anderson, 1964; Butterworth, 1967; Hofstadter e Dennett, 1987; ou Boden, 1990.

pensante, que é o tema do [...] texto, não exige nenhum tipo de chave de leitura; tentar-se-á avaliar aqui a maneira de ver de Turing pela bitola das realidades (e das maneiras de ver) de nosso final de século".[5]

Tentarei mostrar o que há de redutor e até mesmo de insustentável nessa leitura; entretanto, parece-me que o texto descreve, se prestarmos atenção aos detalhes, a gênese *psicológica* do conceito de máquina.

1.1. A inteligência atribuída às máquinas

O artigo aborda — aliás, tema anunciado desde o início — o fato de que é concebível atribuir, daqui em diante, a noção de inteligência às máquinas. Para isso, deve-se obviamente pressupor que a *inteligência*, em vez de ser consubstancial aos seres humanos, é um conceito abstrato, cujas manifestações não dependem de um organismo físico particular. Impõe-se, portanto, conseguir estabelecer a separação radical entre o conceito de inteligência e um substrato físico qualquer.

1.1.1. Uma conversão mental

No pressuposto de que, tendo em conta a novidade da problemática, o leitor de 1950 não admita imediatamente a tese defendida por Turing, este considera que o problema deve ser vislumbrado a partir de uma base experimental: para fazer isso, ele imagina um dispositivo dotado da forma de um jogo que permitirá decidir em que medida é possível legitimamente atribuir inteligência a máquinas. O jogo em questão é designado como "jogo

---

5. Cf. "Preâmbulo", in Turing, 1995b.

da imitação": ele deve permitir mostrar, a partir de uma base estatística, que se tornará cada vez mais difícil para determinado indivíduo decidir entre as expressões verbais cujo autor seja um ser humano e aquelas que emanam de um computador, até que tal dificuldade acabe por tornar-se uma verdadeira indecidibilidade.

Se o leitor chegar a essa conclusão, qualquer que seja a relutância que ele tenha experimentado inicialmente para atribuir inteligência às máquinas, ele será obrigado a reconhecer que tal eventualidade é daí em diante plausível, mesmo que sua realização esteja ainda dependente de progressos tecnológicos no futuro. A leitura do artigo deve ter, portanto, o efeito de uma *conversão* por parte do leitor, no sentido que o termo possa ter na retórica ou na apologética: levar o adversário a reconhecer por si mesmo que seu ponto de vista não passava de um preconceito e que a única opção que lhe resta consiste em subscrever o ponto de vista ao qual ele se opusera inicialmente. O artigo, mediante o jogo desenvolvido, deve, portanto, permitir que o leitor realize progressivamente essa conversão mental que deve levá-lo a adotar o ponto de vista de Turing, segundo o qual uma máquina inteligente é daí em diante concebível.

Eis como Turing apresenta o "jogo da imitação":

> Nesse jogo, existem três participantes: um homem (A), uma mulher (B) e um interrogador (C), que pode ser, indiferentemente, mulher ou homem. O interrogador permanece em uma sala separada daquela ocupada pelos outros dois jogadores. O objetivo do jogo, para o interrogador, consiste em identificar o homem e a mulher. Com efeito, a denominação de X é atribuída a um deles, e a denominação de Y ao outro; no final da partida, ele deve afirmar "X é A e Y é B" ou "X é B e Y é A".

Eis o tipo de questões que o interrogador pode formular e às quais A e B devem responder: "C: X, por gentileza, poderia dizer-me o comprimento de seus cabelos?"
Vamos supor que X é realmente A e que ele deve dar uma resposta. O objetivo de A no jogo consiste em fazer o possível para enganar C. Nesse caso, ele poderia dar a seguinte resposta:
"Meus cabelos estão cortados à joãozinho e as mechas mais compridas medem em torno de vinte centímetros."
Para evitar que o tom da voz possa tornar-se um indício para o interrogador, as respostas deveriam ser escritas ou, melhor ainda, datilografadas. A configuração ideal seria dispor de um teletipo para garantir a comunicação entre as duas salas. Pode-se também conceber que as perguntas e as respostas sejam repetidas por um intermediário. Para o terceiro jogador (B), o objetivo do jogo consiste, por sua vez, em prestar ajuda ao interrogador; nesse sentido, a melhor estratégia seria, sem dúvida, dar respostas verdadeiras. A suas respostas, ele pode adicionar observações, tais como — "Sou eu a mulher, não lhe dê ouvidos!" —, mas isso não levaria a nada porque o homem pode fazer observações semelhantes.
Vamos formular, agora, a questão que interessa: "O que vai acontecer se, no jogo, A for substituído por uma máquina?" Na partida que é jogada dessa maneira, será que o número de erros do interrogador é semelhante àqueles cometidos quando a partida é jogada entre um homem e uma mulher? Tais perguntas substituem a questão inicial: "Será que as máquinas podem pensar?" (cf. Turing, 1950a, pp. 433-434)

O jogo da imitação é, portanto, duplo: no jogo que poderia ser designado como "nº 1", os três jogadores são seres humanos, enquanto no jogo "nº 2" o jogador masculino é substituído, sem o conhecimento do interrogador, por um computador. O objetivo final do jogo, que deve permitir alcançar a conclusão desejada segundo a qual é possível construir uma máquina inteligente, consiste em mostrar que a presença da máquina é indetectável pelo interrogador enquanto durar a partida. Se esse objetivo é alcançado, a inteligência pode com toda a razão ser caracterizada como um *conceito*, totalmente independente de organismos particulares, sejam eles humanos ou não humanos, e cuja estrutura lógica depende do procedimento algorítmico. Desde então, nada impede que possa ser atribuída inteligência às máquinas, cuja única distinção relativamente aos seres humanos reside no tipo de substrato físico que materializa essa inteligência.

Será que o objetivo em questão pode ser atingido mediante as regras descritas por Turing para o jogo?

1.1.2. Uma partida de jogo da imitação

Lembremos, para começar, a conclusão a que o movimento do jogo deve chegar na mente do leitor: considerando que a mais profunda diferença física entre os seres humanos — ser homem e ser mulher — não é aparente no jogo nº 1, a diferença física ainda mais profunda entre os seres humanos e o computador também não será aparente no jogo nº 2.[6] Eis o que permite estabelecer que a

---

6. Pode-se apresentar a objeção de que não há nenhuma razão para considerar que os dois jogos devam ser jogados sucessivamente e que o jogo nº 1 é apenas um exemplo que permite introduzir o verdadeiro jogo, ou seja, o jogo nº 2. Mas tal objeção pressupõe que a escolha do critério da diferença entre os sexos no jogo nº 1 é contingente e que Turing poderia ter imaginado outro critério de diferença entre os jogadores. Essa objeção, em meu entender, é inaceitável, porque o critério da diferença entre os sexos tem uma função absolutamente capital para o objetivo do jogo: passar de uma diferença física *máxima* entre seres

inteligência é um conceito independente de qualquer substrato físico particular e que, portanto, é possível atribuir inteligência às máquinas.

Em primeiro lugar, no pressuposto de que o interrogador seja incapaz de distinguir a identidade sexual dos jogadores no jogo nº 1 — se ele for bem-sucedido nessa identificação, o dispositivo do jogo não terá nenhum interesse —, a partida deverá durar um tempo suficientemente longo para que seja possível desenvolver o jogo nº 2. Apresentam-se, assim, estas duas situações: os jogadores conseguem esconder sua identidade ao interrogador ou então acabam sendo identificados.

No caso em que os jogadores não conseguem esconder sua identidade, o interrogador acaba por aperceber-se da presença do computador e deve declarar que as regras foram alteradas, sem seu conhecimento, no decorrer da partida, visto que um jogador humano foi substituído por um jogador não humano. O interrogador, então, ganha o jogo. Não se chega a tirar a conclusão de que o computador pode ser considerado um ser humano: esse caso não tem interesse porque não permite chegar à conclusão desejada.

Na situação em que os jogadores conseguem esconder sua identidade, o interrogador é incapaz de detectar a presença do computador no decorrer da partida. É possível, então, concluir que o ser humano já não dispõe dos meios intelectuais para decidir — a partir das expressões verbais a que está submetido e que ele interpreta — se a inteligência que se manifesta durante o jogo tem a ver com o humano ou o não humano. Esse é que é o caso verdadeiramente interessante, uma vez que permite chegar à conclusão

humanos para uma diferença *máxima* entre diferentes "espécies" (se considerarmos o computador como uma nova espécie). Não há, portanto, nenhuma justificativa para considerar o jogo nº 1 como uma simples introdução pedagógica ao jogo nº 2.

desejada, ou seja, a indecidibilidade sobre a identidade dos jogadores. De que modo mostrar, com êxito, que prevalece esse segundo caso?

1.1.3. Um argumento de natureza estatística

O argumento utilizado por Turing para chegar à conclusão da existência de uma indecidibilidade quanto à identidade dos jogadores é de natureza estatística, e não lógica, aliás, como ocorria em seus trabalhos anteriores.[7] Essa versão estatística da indecidibilidade está relacionada, de preferência, com sua atividade efetuada durante a guerra no domínio da análise sequencial[8], como é demonstrado no seguinte argumento:

> Acredito que daqui a uns cinquenta anos será possível programar computadores [...] de tal modo que eles hão

---

7. Cf. cap. II, § 2.3.3., "Ausência de um algoritmo de decisão: o caso dos jogos"; e § 3.2.5., "O problema da parada". O jogo da imitação foi apresentado, muitas vezes, como uma simples cópia dos jogos formais estudados por Turing. Nessa interpretação, o interrogador é semelhante a um programador que, inicialmente, introduz na entrada os dados (suas perguntas) para serem processados pela máquina (o dispositivo do jogo). Os jogadores servem de tabela de instruções para a máquina em questão: do mesmo modo que a tabela de instruções é constituída pelo binômio — símbolo lido / estado interno —, assim também, ao ler as perguntas, cada jogador reage de acordo com o próprio estado interno e propõe, na saída, uma resposta, ou seja, um resultado. O interrogador-programador toma, então, uma decisão sobre a veracidade ou a falsidade dos dois resultados propostos e introduz, na entrada, novos dados sob a forma de uma pergunta. Essa interpretação justifica, portanto, o projeto da inteligência artificial que considera o modelo da máquina de Turing como o meio de caracterizar a inteligência; ora, em relação ao texto de Turing, trata-se de um erro tanto histórico quanto lógico.
8. Cf. cap. I, § 2.4.2.1., "A análise sequencial".

de conseguir um desempenho tão bom no jogo da imitação que um interrogador médio não terá 70% de possibilidades para fazer a identificação correta após cinco minutos de questionamento. [...] Penso que, no final do século, o uso das palavras e a opinião geral das pessoas instruídas terão sido modificados tão completamente que estarão reunidas as condições para falar de máquinas que pensam sem que haja qualquer contestação. (cf. Turing, 1950a, p. 442)

Em relação ao jogo, Turing define, portanto, dois limites temporais: o primeiro é interno, enquanto o outro é externo.

O limite temporal interno ao jogo consiste em indicar com precisão a duração total de uma partida: cinco minutos. Pode-se supor que se trata de uma nova regra, ainda não enunciada explicitamente por Turing ao descrever o dispositivo do jogo, mas que é necessária para seu perfeito funcionamento. Ora, essa regra pode suscitar um problema que deve ser dissipado. Com efeito, tal como ela é enunciada, no final de uma frase, não fica claro como uma duração *finita* do jogo — cinco, dez minutos, ou qualquer duração arbitrária *finita* — poderia levar à conclusão de que o interrogador *nunca* será capaz de fazer a identificação correta: entre o finito da duração de uma partida (x minutos) e o infinito da conclusão desejada (o interrogador *nunca* chegará a tomar uma decisão), parece que há uma ruptura que ninguém estaria disposto logicamente a aceitar. Mas o problema não se coloca nesses termos: em vez de *qualquer* duração arbitrária finita, trata-se *dessa* duração particular de cinco minutos.

Qual seria o motivo dessa duração específica? Trata-se, na verdade, de um *compromisso* entre as possibilidades de sucesso do interrogador e dos jogadores: com efeito, se aumentar o tempo de questionamento concedido ao interrogador, verificar-se-á também um aumento de suas possibilidades de sucesso. Impõe-se, portanto, escolher uma duração que permita o começo do jogo e, simultaneamente, que os jogadores — em particular, o computador — não sejam demasiadamente desfavorecidos: de fato, quanto mais longo for o tempo de questionamento, maiores serão as possibilidades de que o computador seja detectado. A fixação de uma duração para a partida é, portanto, tipicamente um problema que tem a ver com a análise sequencial: trata-se de fazer um teste (aqui, a análise das respostas pelo interrogador) incidindo sobre a qualidade de objetos industriais (aqui, as respostas dos jogadores) sem fazer aumentar desmedidamente os custos de produção relacionados ao teste (aqui, as possibilidades de sucesso do interrogador).

Quanto ao limite temporal externo, ele consiste em uma projeção temporal relativamente aos cinquenta anos subsequentes: como o artigo tem a data de 1950, Turing pressupõe, portanto, que de 1950 a 2000 o conceito de inteligência terá sido modificado suficientemente de sentido para que as pessoas acabem por se acostumarem a atribuir inteligência às máquinas. Temos, assim, duas marcas temporais externas (1950 e 2000) e uma avaliação estatística da progressão das possibilidades de sucesso relacionadas ao dispositivo do jogo (70% de possibilidades ao fim de cinquenta anos). O raciocínio de Turing pode ser resumido desta maneira: se, por um lado, em 1950 as possibilidades de sucesso por parte do interrogador elevam-se a 100% — ou seja, correspondentes a respostas corretas quanto à identidade dos jogadores — e que elas se reduzem a 70% em 2000, e, por outro, se a progressão do fracasso tende a 50% — o que equivale, para o interrogador, a dar respostas ao acaso —, então a ordem de grandeza do tempo necessário para verificar o insucesso do interrogador eleva-se a cinquenta anos.

A argumentação estatística visa, portanto, convencer o leitor de que é possível *desde hoje* (em 1950) situar-se nesse derradeiro limite temporal (em 2000), momento em que teremos a prova *experimental* de que não há, em termos de inteligência, diferença entre os seres humanos e as máquinas. O jogo da imitação, em 1950, não passa, portanto, de uma experiência do pensamento que permite efetuar mentalmente um encurtamento temporal: ele visa, com efeito, projetar-se no futuro e, por esse viés, adotar o ponto de vista que Turing já é capaz de adotar desde 1950. A leitura do artigo permite, portanto, fazer coincidir três perspectivas temporais: a do leitor de 1950; a do ano 2000; e a de Turing, que havia conseguido abolir esse período de tempo ao sobrepor as duas datas.

O objetivo do artigo consiste em levar o leitor a elaborar uma sobreposição temporal semelhante àquela que Turing havia efetuado, ou dito por outras palavras: a passar, *mentalmente*, da experiência somente imaginada do jogo da imitação para a verdadeira experiência. Trata-se assim, sem deixar o registro do mental, de passar da ordem do *pensamento* para a ordem da *realidade experimental*.

1.2. *A coerência lógica do jogo da imitação*

Tais como elas se apresentam à primeira vista, as regras do jogo, assim como a avaliação das possibilidades de fracasso por parte do interrogador, não suscitam aparentemente nenhuma dificuldade. Convém, no entanto, examinar com maior atenção as condições efetivas do desenrolar de uma partida em função do objetivo perseguido por Turing: ser capaz de traçar uma linha divisória *radical* entre o domínio do físico e o domínio do intelectual. Com efeito, é por esse viés que há de tornar-se legítimo atribuir inteligência às máquinas.

1.2.1. A passagem do jogo nº 1 para o jogo nº 2

Se nos referimos ao momento da transformação do jogo nº 1 em jogo nº 2, devemos formular-nos a questão de saber o que motivou a decisão de passar de um jogo para o outro. A razão parece simples: imaginamos que um agente de intervenção exterior ao jogo decidiu — considerando o fracasso do interrogador relativamente à descoberta da identidade *sexual* dos outros dois participantes — que daí em diante é possível substituir o homem por um computador. O motivo, portanto, é que o agente exterior adquiriu a seguinte convicção: a diferença dos sexos *nunca* será aparente para o interrogador. Mas como esse agente poderá chegar a essa conclusão após um tempo finito de interrogação, compreendido necessariamente em um limite estritamente inferior aos cinco minutos de uma partida? Contrariamente ao caso da fixação da duração de uma partida — duração que deveria, por assim dizer, poupar os jogadores e, em particular, o computador —, essa mudança não deve provocar vantagem nem desvantagem para os participantes do jogo.

A conclusão é inevitável: se o agente de intervenção exterior chega a tal decisão, é porque ele já tinha uma opinião sobre o fracasso do interrogador, opinião *que não pode emergir unicamente da maneira como o interrogador havia formulado as questões até então*, visto que é sempre possível pressupor que, durante o tempo que falta para jogar, ele poderia formular perguntas de tal modo que as respostas dadas viessem a fornecer-lhe indícios para uma identificação correta e que, portanto, ainda não é a hora de substituir o homem por um computador. Assim, as razões da convicção de Turing não poderiam provir do próprio jogo, mas *de alhures* e, mais precisamente, da convicção peculiar de Turing segundo a qual é possível estabelecer a dissociação entre o aspecto físico dos jogadores e o aspecto intelectual, tal como ele se manifesta no comportamento verbal dos dois participantes. Entretanto, nesse estágio da argumentação, tal convicção não apresenta nenhum motivo para ser compartilhada pelo leitor, que deve limitar-se à única coisa dita *expressamente*, ou seja, que o comportamento verbal dos jogadores é suficiente para permitir a transformação do jogo. Convém, portanto, verificar agora se esse é realmente o caso.

1.2.2. O comportamento verbal dos jogadores

Comecemos por eliminar uma dificuldade relacionada ao que se entende por "comportamento verbal"; com efeito, o sentido dessa expressão é diferente tratando-se de alguém que observa o jogo do exterior, como ocorre com o leitor, ou de alguém que se situa no interior do jogo, no lugar do interrogador. No caso deste último, ou seja, no interior do jogo, o verbal limita-se à *significação* das respostas que ele recebe e, a partir unicamente dessa significação, é que ele deve identificar o físico dos jogadores. No exterior do jogo, o verbal é uma *característica física* que se refere ao corpo do jogador, e o observador exterior é suscetível de não prestar atenção à significação das respostas, visto que ele está interessado unicamente em saber de que corpo ou de que substrato físico emanam as respostas. Se o observador exterior estivesse em caso semelhante ao do interrogador e só pudesse referir-se à *significação* das respostas dadas, deixaria de ser possível, sem recuar indefinidamente, ter a certeza de que tal resposta emana efetivamente de tal corpo.

Vamos supor agora que o observador exterior — ou o leitor — esteja convencido do fracasso do interrogador no jogo nº 1, ou seja, que esteja convencido do fato de que o jogo permite distinguir, no corpo dos jogadores, o que se refere ao *verbal* e o que tem a ver com o *sexual*. Isso é insuficiente para justificar a mudança de jogo e a introdução do computador. O observador exterior — ou o leitor — deve chegar a uma convicção suplementar: o fracasso do interrogador deve também provar-lhe que esse interrogador não dispõe dos meios para estabelecer uma relação entre a *significação* das respostas e a identidade sexual dos jogadores humanos. Se essa conclusão suplementar não for atingida, é impossível passar para o jogo nº 2 e mostrar que a *significação* das mensagens por si só não permite decidir a respeito da identidade *humana* ou *não humana* dos jogadores.

Nesse caso, temos o direito de nos formular a seguinte questão: *em que sentido a imitação do comportamento verbal de um ser humano* poderia ter como consequência estabelecer que não há relação entre a significação da mensagem e o substrato físico do qual esta emana? Tudo o que se tem o direito de concluir é que o comportamento verbal de um ser sexuado pode ser verbalmente imitado por um indivíduo do sexo oposto.[9] A única solução possível para levar o interrogador ao fracasso consiste no seguinte: que o observador exterior — ou o leitor — *venha a situar-se do ponto de vista interno ao jogo, o do interrogador, o qual tem acesso unicamente à significação das mensagens.*

---

9. Eis o que foi observado acertadamente por A. Hodges, in Hodges, 1988, p. 10.

Mas como é que o observador exterior pode situar-se do ponto de vista do interrogador, ou seja, levar em consideração unicamente a significação das mensagens, e não a mera existência física destas? Tal postura é *impossível*, sob pena de destruir o próprio dispositivo do jogo e cair na dificuldade mencionada mais acima, aquela de uma regressão ao infinito que viesse a tentar inutilmente reencontrar a relação entre significação e substrato físico; em meu entender, tal dificuldade destrói definitivamente a argumentação estabelecida graças ao jogo. Mas esse revés permite revelar dois pressupostos na argumentação de Turing.

Em primeiro lugar, para ele, o verbal é assimilável unicamente à significação; ora, já vimos que o verbal deveria ser também *necessariamente* interpretado em termos de características físicas no jogo. Eis porque, a partir do comportamento verbal dos jogadores, é impossível tirar conclusões relativamente ao que depende da significação, ou seja, o *conceito* de inteligência.

Em segundo lugar, para garantir o funcionamento do dispositivo do jogo apesar do pressuposto intelectualista sobre a natureza do verbal, o observador exterior deve situar-se no interior do jogo (identificando-se ao interrogador) e, *simultaneamente*, no exterior do jogo (observando o que acontece sem o conhecimento do interrogador): trata-se de uma posição próxima do "ponto de vista de Deus". O observador exterior deve, de fato, servir-se de maneira bastante particular do desconhecimento provocado no interrogador pelo dispositivo do jogo: ele deve ignorá-lo (ao imaginar-se no interior do jogo) e, simultaneamente, estar ciente disso (quando está no exterior do jogo). O leitor é convidado a situar-se nessa posição *essencialmente paradoxal* para juntar-se à de Turing sobre a atribuição de inteligência às máquinas. Assim, a conversão mental do leitor, objetivo declarado do artigo, seria possível apenas mediante a ocupação clandestina, pelo mencionado leitor, dessa posição paradoxal...

Aliás, os dois pontos sublinhados manifestam-se simultaneamente: com efeito, o estatuto particular atribuído ao verbal é que introduz uma diferença entre um objetivo exibido pelo jogo e um objetivo oculto, cuja natureza é totalmente diferente. Eis o que aparece mais claramente nas estratégias elaboradas pelos jogadores.

1.3. Do lógico ao biológico: *as estratégias dos jogadores*

As diferenças de estratégia por parte dos jogadores fazem aparecer, com efeito, uma verdadeira gradação na relação entre o domínio físico e o domínio intelectual.

1.3.1. A estratégia da mulher

Segundo a descrição dada por Turing, a estratégia da mulher é caracterizada, de preferência, por uma ausência de estratégia, em vez de uma verdadeira estratégia. Com efeito, a mulher é reduzida a *imitar-se a si mesma*:

> A melhor estratégia para ela consiste, sem dúvida, em dar respostas verdadeiras. A suas respostas ela pode adicionar coisas, tais como "Sou eu a mulher, não lhe dê ouvidos!"; mas isso não levará a nada, porque o homem pode fazer observações semelhantes. (cf. Turing, 1950a, p. 434)

De acordo com as afirmações de Turing, a mulher deve, portanto, tentar ajudar o interrogador, dando respostas verdadeiras. Mas por que ela deveria contar a verdade? Por que não poderia seguir outra estratégia, por exemplo, fazer a tentativa de imitar o homem? Com efeito, parece plausível admitir a necessidade de que um dos jogadores diga a verdade para que o outro possa imitá-lo. Mas por que esse papel seria atribuído à mulher *em particular*? Qual poderia ser efetivamente a relação estabelecida por Turing entre o nível propriamente *lógico* da verdade e do erro, por um lado, e, por outro, o nível *biológico* que se baseia na diferença entre o masculino e o feminino? A resposta a essa questão é deixada inteiramente na sombra por Turing.

1.3.2. A estratégia do homem

Contrariamente à estratégia da mulher, a do homem tem como mola propulsora a possibilidade de agir de má--fé, e Turing mostra que o blefe do homem consiste em imitar as respostas da mulher. A questão que se deve formular — considerando o fato de que, no jogo nº 2, o homem é substituído por um computador — é a de saber se o computador será capaz de imitar o homem, ou seja, poderá *imitar o homem que imita a mulher*.

1.3.3. A estratégia da máquina

Turing fornece três exemplos de respostas que emanam da máquina:

> Pergunta: Escreva, por favor, um soneto a propósito da ponte sobre o rio Forth.
> Resposta: Não conte comigo para isso; nunca fui capaz de escrever poemas.
> P: Adicione 34.957 a 70.764.

R: (Em silêncio durante 30 segundos e depois dá a resposta) 105.621.
P: Você sabe jogar xadrez?
R: Sei.
P: Tenho meu rei em C8 e já perdi todas as outras peças. Quanto a você, resta-lhe apenas o rei em C6 e uma torre em A1. É a sua vez de jogar; qual será seu lance?
R: A torre em A8 e xeque-mate. (cf. ibidem, pp. 434-435)

Vamos proceder à análise dessas três respostas. Aparentemente, a primeira e a terceira não permitem fornecer indícios para o interrogador: um grande número de seres humanos seria incapaz de escrever um poema de improviso; em relação à partida de xadrez, a configuração do jogo é tão simples que não pode vir à ideia do interrogador que ele não esteja lidando com um ser humano. A segunda resposta é, por sua vez, muito mais interessante: ela comporta, com efeito, um *erro*. O resultado exato é 105.721, e não 105.621. Tratar-se-ia apenas de uma gralha?[10] É possível aventar outra hipótese mais verossímil. A inexatidão do resultado não é suficientemente grande para que sejamos impedidos de pensar em um erro decorrente da falta de atenção por parte de quem fornece a resposta: trata-se visivelmente de um erro na adição da

---

10. Pressuposto adotado pela tradução francesa do artigo de Turing (cf. 1995b, p. 137), na qual o resultado foi corrigido com a melhor das intenções para 105.721, contrariamente ao original (cf. Turing, 1950a). Por sua vez, Douglas Hofstadter havia anotado o erro na resposta (cf. Hofstadter, 1985, pp. 667-668), sem deixar, no entanto, de manifestar pouca precisão sobre o sentido desse "erro" em relação ao próprio jogo da imitação. Ele limitava-se a fazer a seguinte observação: "A reflexão sobre o que Turing teria pretendido dizer pelo viés desse trecho sutil suscita praticamente todos os grandes problemas filosóficos relacionados com a inteligência artificial." Infelizmente, seu comentário a respeito desse texto fica por aí.

coluna das centenas, em que um 6 tomou o lugar do 7. Esse erro pode ser, portanto, considerado um erro de desatenção cometido por um ser humano, *independentemente de seu sexo*. Um trecho do artigo, no qual Turing apresenta a si mesmo a objeção segundo a qual a máquina seria imediatamente reconhecida no jogo da imitação por causa de seus desempenhos superiores a qualquer ser humano na aritmética, parece dar crédito a essa interpretação:

> Afirma-se que o interrogador poderia estabelecer a distinção entre a máquina e o homem ao formular-lhes simplesmente certo número de problemas aritméticos. A máquina seria desmascarada por sua fatal exatidão. (cf. Turing, 1950a, p. 448)

No caso da aritmética, é necessário que a máquina mantenha dissimulada sua prodigiosa exatidão e venha a cometer erros à semelhança dos seres humanos. Voltamos assim ao que era a substância da estratégia da mulher, ou seja, sua "honestidade": para a máquina, trata-se de *ser* humana, como a mulher *era* feminina sem tentar imitar alguém que não seja ela mesma. Mas então a máquina, ao contrário da mulher, dissimula definitivamente sua ausência de identidade sexual. Por sua veracidade é que a mulher era mulher; pelo erro é que a máquina finge ser humana... Aliás, Turing vai relacionar tal estratégia ironicamente *à* diferença sexual, ao designá-la como estratégia "perversa" (ibidem, p. 449): trata-se realmente de uma nova "perversidade", que, em vez de ser localizada em uma "anomalia" do comportamento sexual que toma lugar no contexto da diferença dos sexos, refere-se a uma anomalia entre o sexual humano, considerado como um todo, e o não humano, assexuado.

Observa-se que existe uma verdadeira gradação na qualidade das estratégias elaboradas pelos jogadores, e que essa gradação reproduz o próprio movimento do jogo: ao basear-nos na ausência de estratégia atribuída à mulher, chegamos à estratégia suprema, executada por uma máquina, enquanto o homem ocupa uma posição intermediária. Mas observa-se também que a constituição dessa gradação apoia-se inteiramente no pressuposto de que *compete à mulher dizer a verdade*. Ora, nada veio corroborar esse pressuposto no desenrolar de uma partida, pressuposto obviamente adquirido antes que ela tivesse começado, e que pode ser resumido da seguinte maneira: as significações elaboradas pelo comportamento verbal da mulher mostram que ela é incapaz intelectualmente de fazer abstração da diferença entre os sexos, ao contrário do homem e, ainda mais, da máquina. Portanto, a diferença entre os sexos é realmente colocada entre parênteses, como pretendia Turing, mas não a sexualidade: ao instaurar uma gradação nas estratégias entre os jogadores, *o jogo descarta efetivamente a mulher, mas não o homem*. Um indício no texto confirma essa interpretação: a expressão utilizada por Turing para dizer que, no final da partida, não há nenhum recurso para estabelecer a distinção entre a máquina e o ser humano visa, com efeito, ao homem em oposição à mulher: "O novo problema tem a vantagem de desenhar uma linha bastante nítida entre as capacidades físicas e intelectuais de um homem [of a man]."[11]

---

11. Cf. Turing, 1950a, p. 434. Em todo o artigo, Turing utiliza o termo "homem" em oposição à mulher, e não "Homem" no sentido genérico de ser humano. A única exceção a essa regra é a utilização do termo genérico "Homem" para responder à objeção designada por Turing como "a objeção da avestruz": admitir a existência de máquinas pensantes seria tão terrível que seria preferível acreditar na superioridade do Homem. Não é Turing, portanto, que utiliza o termo genérico,

Em vez do desaparecimento da diferença entre os sexos, o leitor assiste à sua *negação*, tendo por efeito unicamente descartar, sem abolir, a sexualidade: há *aí*, portanto, matéria para um *recalcamento*, em vez de uma simples rejeição. Com toda a evidência, estamos bastante longe de uma argumentação racional sobre as razões pelas quais seria legítimo atribuir inteligência às máquinas, mesmo que supostamente o leitor tenha adotado esse ponto de vista no termo da leitura do artigo de Turing.

Assim, a diferença seria sensível entre os objetivos atribuídos ao "jogo da imitação" por Turing e os resultados que ele obtém. Considerando que seu objetivo era duplo — a possibilidade de descartar a diferença entre os sexos e a possibilidade de atribuir inteligência às máquinas —, pode-se dizer que Turing só consegue atingi-lo *pela metade*. O jogo descarta efetivamente a diferença entre os sexos, *mas sem eliminar a sexualidade*; por outro lado, a concepção da natureza do verbal, tal como ela é exigida pelo jogo, *repele indefinidamente a atribuição de inteligência às máquinas*.

Uma importante conclusão pode ser tirada dessa análise da viabilidade do jogo.

Agora deve parecer claro que é insustentável a tese, repisada inúmeras vezes, segundo a qual o artigo de Turing iria operar a transformação inédita da psicologia em *ciência* a partir do modelo de uma ciência formal, colocando um termo definitivo a qualquer especulação não formal sobre a mente; ora, essa tese continua sendo bastante difundida. Estamos acostumados, em particular, a considerar o jogo da imitação como um verdadeiro teste formal — conhecido desde então por "Teste de Turing" — que, segundo se presume, erradica definitivamente os

---

mas aquele que viesse a ser tentado a formular tal objeção (cf. ibidem, p. 444).

preconceitos retrógrados contra a atribuição de inteligência às máquinas.[12] Parece-me, pelo contrário, que na denominação de "teste de Turing" há uma deriva cientificista que é o indício de uma verdadeira catástrofe epistemológica: ao orientar o debate fecundo e emocionante relativamente à interação entre os seres humanos e suas expressões algorítmicas transferíveis às máquinas para uma concepção rígida e formalizante da ciência, a reflexão sobre a natureza de uma ciência da mente acabou ficando imobilizada, durante muito tempo, em posições prematuras ou até mesmo absurdas.[13] *Mas essa última observação não condena o projeto de Turing*: no máximo, seria um mero convite para aprofundar seu contexto epistemológico. O modelo da mente, cujos contornos haviam sido traçados por Turing, é mais válido que as considerações ingênuas sobre a inteligência das máquinas, aliás, considerações imaginárias e até mesmo fantasmáticas, cuja análise deve ser empreendida para não desempenhar o papel de ingênuo.

A questão "como interpretar esse texto de Turing que tem o objetivo de defender e demonstrar a atribuição de inteligência às máquinas?" permanece, portanto, em aberto. As considerações ingênuas sobre a inteligência das máquinas derivam, em parte, de pressupostos existentes na obra do próprio Turing: para apreciar plenamente sua teoria do mental, impõe-se desembaraçá-la de

---

12. As referências são inumeráveis. Cf. por exemplo, Hofstadter e Dennett, 1987, p. 103; Michie, 1974, p. 65; Pylyshyn, 1984, p. 53, ou Penrose, 1989, pp. 7-8. O dicionário "Collins" possui, inclusive, um verbete "Teste de Turing".
13. Será possível consultar meu debate com o filósofo Justin Leiber — que é um dos mais ponderados entre os partidários dessa tese formalizante — a propósito de meu artigo (Lassègue, 1996). Esse texto e o debate incidindo sobre a assimilação — em meu entender, falaciosa — entre ciência e domínio em que a sexualidade não tem pertinência estão disponíveis em <http://www.gold.ac.uk/tekhnema/>.

sua parte fantasmática, ao analisar seu trajeto psicológico e as molas propulsoras pessoais de sua aptidão para a criação científica.

2. *Gênese e estrutura do conceito de máquina*

Temos de apoiar-nos nas duas aporias, ou seja, ausências de saída, presentes no jogo da imitação: elas aparecem nas justificações impossíveis fornecidas aos pontos de vista indispensáveis para o funcionamento do jogo, ou seja, os pontos de vista externo e interno. O ponto de vista interno tornava-se aceitável unicamente na medida em que era atribuído à mulher um papel verbal, impossível de justificar mediante uma base racional. O ponto de vista externo exigia, de fato, um vaivém entre o exterior e o interior do jogo, injustificável do ponto de vista de suas regras. Ora, há uma maneira de aprofundar a análise dessas aporias e de compreender as razões pelas quais Turing chegou a construir seu jogo em torno delas. *A adoção desses dois pontos de vista baseia-se, com efeito, nos fantasmas próprios de Turing que, aliás, podem ser rastreados no modo de utilizar as metáforas em seu artigo.* O que se deve entender por metáfora nesse contexto?

Antes de seu artigo de 1936, que introduzia o conceito de "máquina de Turing", o uso do termo "máquina" na lógica e na matemática era exclusivamente analógico: o procedimento mental de cálculo era *como* uma máquina.[14] Com Turing, o procedimento mental de cálculo *é* uma máquina. Ora, ao *identificar* o funcionamento da mente com um procedimento executável por uma máquina, Turing introduzia, pelo mesmo movimento, uma

---

14. Cf. cap. II, § 2.3.5., "Procedimento construtivo, cálculo efetivo, instrução mecânica no âmbito metamatemático".

metáfora, porque mente e máquina se confundiam e a função da metáfora consiste em operar essa identificação. O caráter próprio de uma metáfora é também que a identificação instaurada por ela não seja evidente e que se imponha um esforço mental para concebê-la: o dispositivo do jogo da imitação dá testemunho precisamente desse esforço. O jogo de imitação aparece, assim, como a *matriz psíquica que torna explícita a metáfora da "máquina-mente"*. Ao conteúdo objetivo do conceito de máquina-mente, tal como ele aparece em 1936, corresponde também, portanto, como é testemunhado pelo artigo de 1950, um conteúdo que designarei como *simbólico*, necessário para a construção *mental* do conceito de máquina.

É esse conteúdo simbólico que deve ser considerado agora ao proceder à análise das metáforas que derivam do jogo da imitação — verdadeira matriz metafórica[15] — para explicar a teoria do mental de Turing, da maneira menos dependente de seus fantasmas, ou seja, da maneira mais objetiva.

---

15. Essa matriz foi construída gradualmente e utilizada por Turing até o fim de sua vida: em particular, a lista das objeções, que constitui a maior parte do texto, foi elaborada aos poucos (sua evolução pode ser verificada em Turing, 1948, p. 108) e continuou a enriquecer-se após 1950 (Turing, 1995b, p. 168). A objeção da "percepção extrassensorial", tal como ela é descrita em "Computing Machinery and Intelligence" (Turing, 1950a, § 6, p. 452) e que parece ser tão curiosa, refere-se a um fato real mencionado em Turing, 1995b, pp. 162-163: para descobrir se um ser humano tinha sido dissimulado no computador apresentado ao público de Manchester, um grupo de médiuns da Society for Psychical Research havia tentado a experiência de entrar em comunicação com esse indivíduo, "sem sucesso", como relata Turing. E, em tom irônico, este chegava à seguinte conclusão: "As máquinas são muito menos cooperativas que os seres humanos no que diz respeito às experiências telepáticas."

2.1. O ponto de vista externo ao jogo: história do acesso psicológico ao conceito de máquina

Se nos lembrarmos que Turing identifica máquina com mente, e que essa identificação exige um trabalho de elaboração, testemunhado pelo jogo da imitação, então o que é entregue ao leitor *aparece como as etapas do itinerário pessoal de Turing, etapas que o levaram à invenção do conceito lógico de máquina e à sua materialização sob a forma do computador.*

2.1.1. O itinerário de Turing tal como ele é descrito em "Computing Machinery and Intelligence"

Na sequência da descrição do jogo da imitação, tal como ela aparece no artigo de 1950, Turing procede à análise da questão da aprendizagem das máquinas. Do nosso ponto de vista, esse aprendizado refere-se à questão não apenas *epistemológica* da aprendizagem das máquinas, mas também *simbólica* da aprendizagem à qual o próprio Turing se submeteu para chegar à criação científica. Turing aborda a descrição dessa aprendizagem pelo viés da noção de indução.

A primeira alusão encontra-se logo nas primeiras linhas do texto, ao observar que é absurdo pretender dar uma resposta à questão — "Será que as máquinas podem pensar?" — por meio de sondagem. É impossível aplicar o princípio da indução a partir de respostas fornecidas desse modo: é necessário, portanto, construir uma experiência, a do jogo da imitação.

A segunda alusão[16] incide sobre a relação entre a indução e a universalidade das conclusões que podem

---

16. Cf. § 6 (5), "Argumentos tirados de diversas incapacidades", 1950a, p. 447.

resultar daí. Turing observa que são negadas aos computadores todas as características atribuídas aos seres humanos — gentileza, beleza, possibilidade de travar amizades ou de apaixonar-se, etc. — porque, ao aplicar o princípio da indução, tira-se a conclusão de que as máquinas são, em geral, extremamente limitadas em sua função; o que mais lhes faz falta é precisamente a capacidade para adaptar-se a diferentes tarefas, como ocorre com os seres humanos. A indução consiste então em concluir que, seja qual for a máquina, ela é limitada em suas funções e em seus objetivos. Trata-se de uma aplicação *errônea* do princípio da indução, porque é possível conceber uma máquina *universal*, capaz de adaptar-se a todos os objetivos suscetíveis de receber uma formulação aritmética, como havia sido mostrado por Turing em seu artigo de 1936; para ele, que conseguiu justamente exibir a universalidade do conceito de calculabilidade, é possível concluir legitimamente que essa indução é errônea pelo fato de apoiar-se em um número de exemplos de máquinas demasiado restrito.

Turing propõe, então, dois exemplos relacionados com o princípio da indução, os quais apresentam crianças que aplicam — de maneira inconsciente, diz Turing (cf. Turing, 1950a, p. 448) — o princípio em questão.

Ao queimar-se, uma criança tem, posteriormente, medo do fogo; ao evitar qualquer chama, em decorrência desse medo, ela aplica com perfeito conhecimento de causa o princípio da indução. Tal aplicação desse princípio é legítima pelo fato de incidir sobre os dados naturais a relação entre o corpo da criança e o fogo. Nesse caso, a transmissão da proposição geral relativamente ao fogo efetua-se pelo viés de um canal emocional, o medo. Em seguida, Turing faz observar que, ao incidir sobre dados de ordem cultural, a indução é mais difícil de realizar: assim, ele observa que a maior parte das crianças inglesas considera bobagem aprender francês, visto que todo mundo fala inglês. No caso dos dados culturais, é, portanto, *fácil equivocar-se a respeito da universalidade da proposição detectada por indução quando se toma como continente universal* o que não passa de conteúdo particular: esse é o caso em relação ao exemplo da língua inglesa, que é apenas um idioma entre outros, e não a língua universal. No entanto, é possível fazer uma indução com perfeito conhecimento de causa no domínio da cultura, mesmo que seja um empreendimento difícil, como é observado por Turing:

> Os trabalhos e os costumes da humanidade não parecem ser um material suficientemente adaptado à aplicação da indução científica. Deve-se empreender uma investigação a partir de uma parte bastante grande do espaço-tempo, se houver a pretensão de obter resultados confiáveis. (idem)

A relação entre esses dois exemplos não é imediata, e sabemos somente que, no caso da criança que se queimou, a indução é legítima, mas não no caso da criança inglesa que acredita na universalidade de sua língua materna. Além disso, sabemos que a universalidade cultural existe, uma vez que a universalidade do conceito de máquina de Turing é comprovada. Assim, a maneira como essa universalidade foi adquirida é que permaneceria misteriosa; com efeito, o elo perdido entre o exemplo da criança com queimaduras e o da criança que acredita na universalidade da língua inglesa situa-se alhures no artigo de Turing, quando ele faz alusão a um poema, bem conhecido por todos os alunos britânicos, cujo título é "Casabianca" (ibidem, p. 457).

Trata-se de um poema escrito por uma mulher, Felicia Dorothea Hemans (1793-1835), que enaltece o heroísmo de uma criança através de um episódio de guerra ocorrido com a marinha francesa[17]: conta-se que, durante a campanha do Egito de 1798, por ocasião da batalha do Nilo no porto de Abukir, na qual os franceses foram derrotados pela frota inglesa comandada pelo almirante Nelson, a manobra do lado francês era garantida pelo capitão Louis Casabianca, o qual, mesmo após a morte do almirante Brueys de Aigaïlliers, continuou lutando até o fim; seu filho de treze anos, Giacomo, recusou-se a deixar o navio e conheceu o mesmo destino do pai. O poema[18] descreve a coragem de Giacomo, que chama três vezes o pai, pedindo-lhe para abandonar seu posto, sem saber que ele era incapaz de responder porque já estava morto; as chamas acabam por atingir as reservas de pólvora e, na explosão do navio, os fragmentos do corpo de Giacomo são dispersados pelo mar. O elo perdido constitutivo desse poema permite estabelecer a relação entre os dois exemplos apresentados por Turing.

No caso de "Casabianca", Giacomo deveria ter fugido do navio, à semelhança de todos os outros marinheiros e soldados ainda vivos, aplicando, assim, com perfeito conhecimento de causa o princípio da indução que consiste, como é afirmado por Turing no primeiro exemplo, em ter medo do fogo. Será possível afirmar que Giacomo utiliza tal princípio de maneira errônea? A resposta é não, visto que ele limita-se a separar a proposição indutiva — "o fogo queima" — de sua consequência

---

17. Eis, sem dúvida, a explicação para o fato de que o segundo exemplo de Turing refere-se à diferença entre o inglês e o francês.
18. Observemos também que, em inglês, uma das denominações para navio de guerra é *man of war*, mas que os barcos são, todavia, do gênero *feminino*. Há aqui, portanto, entre o aspecto semântico e o sintáxico da expressão, uma estranha mistura dos gêneros que, em Turing, poderia ter suscitado a lembrança do poema.

prática, a saber, que deve evitar o contato com o fogo. Desse ponto de vista, Giacomo sabe que o fogo queima e mostra que tem conhecimento disso; no entanto, em vez de evitá-lo, ele se deixa queimar. Ele aplica, portanto, o princípio da indução de uma maneira, com certeza excepcional, mas que é tanto mais legítima que ela estabelece a distinção radical entre o plano lógico da significação e o plano físico das consequências sobre o corpo, contrariamente ao uso habitual desse princípio segundo o qual verifica-se a mistura do lógico com o físico, à semelhança do que ocorre no medo do fogo. Assim, existiriam circunstâncias em que a aplicação do princípio da indução passa pelo sacrifício do corpo: é efetivamente por esse viés que a história das duas gerações masculinas dos "Casabianca" é suscetível de servir de exemplo. A experiência que incide "sobre uma grande parte do espaço-tempo", mencionada por Turing, é, assim, uma experiência radical, a do fim do próprio espaço-tempo, a saber, a morte.

Nessas imagens, encontramos a gradação nas estratégias dos participantes do jogo da imitação, assim como a interpretação tão particular que era feita da natureza do verbal, reduzido à significação abstrata.

Do ponto de vista das estratégias do jogo, em primeiro lugar, percebe-se perfeitamente o seguinte: quanto mais a estratégia é adequada, tanto mais o corpo deve ser descartado. Eis o que, no exemplo de Casabianca, fica demonstrado pelas duas interpretações do princípio da indução: ou conecta-se a significação (o fogo queima) com suas consequências físicas (evitar seu contato), para que o corpo conserve um valor, ou então procede-se à separação entre o plano lógico e suas consequências físicas, ao instaurar uma ruptura radical entre eles e, pelo sacrifício do corpo, constituir-se uma mensagem que adquire um valor universal. Voltamos a encontrar aqui, portanto, as duas estratégias humanas suscetíveis de serem imitadas pela máquina "perversa": em primeiro lugar, estratégia feminina que consiste em tentar a salvação de seu corpo; em seguida, estratégia masculina que consiste em desligar-se do corpo, sacrificando-o para preservar sua pura forma, ou seja, o continente abstrato.

Tal procedimento pressupõe uma concepção do verbal idêntica àquela que é descrita no jogo. Como é mostrado no segundo exemplo, com efeito, as crianças inglesas consideram sua língua materna como universal porque sua aprendizagem da língua efetuou-se por um canal de natureza emocional. A língua materna, portanto, mantém uma relação de intimidade com o corpo e com o *afeto* que impede qualquer relação de abstração no domínio do verbal: as crianças inglesas monolíngues não dispõem de outro continente além do corpo que lhes permita constituir o idioma inglês como conteúdo particular, pelo fato de não terem experimentado, à semelhança do que ocorre no exemplo do poema, a prova do sacrifício. No caso do sacrifício de Giacomo Casabianca, pelo contrário, o continente abstrato distingue-se radicalmente do conteúdo pelo viés do sacrifício que consiste em silenciar em si o canal emocional do corpo: a indução "sacrificial" consiste em tornar-se totalmente abstrato, ou seja, privado de corpo. Essa prova do sacrifício confunde-se com a disciplina absoluta de Giacomo, que permanece no seu posto enquanto não tiver recebido ordem do pai para deixar o navio.

No contexto da metáfora da "máquina-mente", é essa disciplina absoluta que permite atingir a universalidade, ou seja, no caso de Turing, chegar à invenção do conceito de máquina universal, como é observado por ele em um texto de informática imediatamente anterior a "Computing Machinery and Intelligence":

> Transformar um cérebro ou uma máquina em uma máquina universal é a forma mais extrema de disciplina. (Cf. Turing, 1948, p. 49)

Já vimos ao que se parecia essa forma extrema de disciplina e não podemos deixar de nos questionar para saber qual teria sido, para Turing, a experiência pessoal do tipo sacrificial que lhe permitiu detectar a universalidade do conceito de "máquina de Turing", tornando assim possível, no domínio cultural, uma "indução" até atingir o universal. Alguns detalhes biográficos relativamente à vida de Turing são aqui necessários.[19]

2.1.2. O itinerário de Turing relacionado com sua biografia

Em primeiro lugar, convém observar que, sem a imensa pesquisa de Andrew Hodges — autor já citado várias vezes — não teria sido possível reconstituir esse itinerário. Em meu entender, três aspectos devem ser sublinhados.

2.1.2.1. *O exílio*

Alan Turing é o filho mais novo de um funcionário colonial, Julius Mathison Turing, o qual, após estudos literários na faculdade de Corpus Christi, em Oxford, fez carreira na Índia, principalmente em Madras e na região circundante, onde aprendeu vários idiomas locais. O próprio Julius Mathison era filho de John Robert Turing que, depois de estudar matemática no Trinity College, em

---
19. Todos esses detalhes biográficos são extraídos de Hodges, 1983 [2014].

Cambridge, desistiu da matemática para tornar-se pastor. Alan Turing, portanto, abraçou a carreira de matemático, seguida durante algum tempo pelo avô paterno, mas sem passar pelo Trinity College: ele foi reprovado no exame de admissão, o que o levou a orientar-se, no ano seguinte, para o King's College, instituição em que foi admitido; a matemática inscreve-se para Turing, portanto, na linhagem paterna.

A mãe de Turing, oriunda de uma família de colonos britânicos instalados na Índia desde meados do século XIX, tinha nascido em Madras. As duas famílias eram de origem anglo-irlandesa; quanto aos pais de Turing, eles casaram-se no dia 1º de outubro de 1907, em Dublin. Turing foi concebido na Índia, mas nasceu em Londres, em 23 de junho de 1912; na realidade, o pai aproveitou-se das férias para retornar à Inglaterra com a esposa e o filho mais velho, John, que tinha nascido no dia 1º de setembro de 1908, em Madras. O pai de Turing permaneceu na Europa até março de 1913, tendo deixado a esposa e os dois filhos; seu retorno à Inglaterra ocorreu apenas de forma episódica, de modo que o intervalo entre as visitas chegou a estender-se a um período de três anos. A mãe de Turing juntou-se ao marido em setembro de 1913, deixando os dois filhos com um casal de aposentados, os Ward, que habitavam em St Leonardson-Sea, uma aldeia à beira-mar perto de Hastings, na costa sul da Inglaterra. Turing tinha quinze meses de idade. Durante toda a infância, ele viu os pais apenas intermitentemente e viveu sempre em instituições comunitárias; não é impossível que a "forma extrema de disciplina", mencionada a respeito da invenção da máquina, tenha começado com a separação — afinal de contas, bastante radical — em relação aos pais e que a Inglaterra tenha representado para Alan Turing uma espécie de exílio, enquanto curioso efeito da colonização britânica da Índia.

2.1.2.2. O livro Natural Wonders

De acordo com as afirmações do próprio Turing, ele foi profundamente marcado durante a infância por um livro que, em parte, contribuiu para decidir sua vocação científica. Trata-se da obra do norte-americano, Edwin T. Brewster, *Natural Wonders Every Child Should Know* (Nova York: Grosset & Dunlap, 1912) — *Maravilhas naturais que todas as crianças deveriam conhecer* — que lhe foi oferecida no final de 1922 quando ele tinha dez anos (cf. Hodges, 1983 [2014], p. 11). Nesse compêndio, encontra-se uma descrição da diferença entre os sexos[20], além do aspecto enigmático da maneira como o corpo consegue efetuar a diferenciação celular.[21] No que diz respeito à origem da primeira célula no processo da gestação humana, o texto não fornecia nenhum detalhe sobre esse assunto (idem): ele descrevia tal processo pela evocação do resultado final, ou seja, a constituição de um indivíduo passando em silêncio o processo que preside o encontro das duas primeiras células. O livro mencionava apenas que o ovo provinha da separação de outras células oriundas do corpo dos pais, invertendo assim o processo que vai da concepção à constituição do ovo. O crescimento das células era comparado, então, com o de uma parede de tijolos, e o crescimento do corpo, com

---

20. Ibidem, p. 12. O seguinte trecho, extraído do livro de Brewster, foi omitido na tradução francesa: "Ela tem esta parte de verdade, de que meninos e meninas estão longe de serem semelhantes e que não vale a pena tentar remodelar um a partir do outro."

21. Ibidem: "Assim, somos construídos como uma casa não de concreto ou de madeira, mas de tijolos. Somos feitos de pequenos tijolos vivos. Nosso crescimento deve-se ao fato de que esses tijolos dividem-se em meios-tijolos e acabam por refazer tijolos completos. Mas como é que eles adivinham quando e onde têm de crescer rapidamente, quando e onde devem crescer lentamente, quando e onde devem parar de crescer: eis precisamente as questões para as quais ninguém dispõe da menor ideia de resposta."

o de uma máquina muito complexa: assim, *a questão da reprodução sexual teria sido transformada na questão da construção de uma máquina*. Essa é precisamente a maneira como Turing apresenta, em "Computing Machinery and Intelligence", a questão do crescimento das máquinas que deve seguir, inclusive para a aprendizagem da língua inglesa, "a educação normal de uma criança" (cf. Turing, 1950a, p. 460).

2.1.2.3. O papel desempenhado por Christopher Morcom na vocação científica de Turing

Desde o início de 1927, Turing travou conhecimento com um colega de turma, o qual exerceu uma profunda influência sobre sua carreira científica: trata-se de Christopher Morcom, seu primeiro amor (não recíproco) e um ano mais velho, que manifestava interesse também por questões científicas, relacionadas nomeadamente com a matemática, a química e os jogos (cf. Hodges, 1983 [2014], pp. 35-36 e p. 43). Por intermédio da matemática, Turing havia conseguido entrar em contato com Morcom: depois de proceder ao cálculo das 36 primeiras decimais de π, ele havia mostrado seu trabalho ao colega, que, tendo encontrado um erro, corrigiu o resultado. Foi também em sua companhia que Turing começou a fazer experiências de química e a calcular, matematicamente, o tempo necessário para determinadas reações químicas, operação que os tinha levado bem mais além de seu programa escolar de matemática. A emulação entre Turing e Morcom era, portanto, de ordem científica, mas duplicava-se para Turing de uma sublimação, mediante a ciência, do amor que sentia pelo colega.

Sobre seu relacionamento com Christopher Morcom, Turing escreveu um texto em que enfatizava as duas características de sua personalidade: por um lado, Morcom era melhor aluno do que ele e cometia raramente erros de desatenção, em particular no cálculo; por outro, ele orientava-se por um código moral bastante estrito que não tinha necessidade de se expressar para que alguém fosse incentivado a segui-lo.[22] Esses detalhes têm um sentido ao serem relacionados com o jogo da imitação porque os erros de desatenção que a máquina deveria, supostamente, cometer para parecer humana fazem parte da "perversidade" utilizada pela máquina: Turing encontra, portanto, o expediente para estabelecer uma relação entre os erros de cálculo e a moralidade. Mas a moral impecável da máquina volta a perverter-se no jogo, visto que ela se limita a fingir que comete erros de cálculo. O inventor da máquina — o próprio Turing — está, portanto, em condições de remover seus "erros", sejam eles intelectuais ou morais — um dos quais é a homossexualidade, em relação ao código moral tradicional —, sem deixar de manifestá-los no jogo da imitação.[23]

O relacionamento de Turing com Morcom teve um desfecho trágico. Ao concluírem o ensino médio, os dois amigos submeteram-se ao exame de admissão para o Trinity College, em Cambridge — a melhor instituição científica. Como já mencionamos, Turing foi reprovado, enquanto Morcom foi admitido, mas não teve tempo para tirar partido dessa admissão: ele faleceu em 13 de fevereiro de 1930, em decorrência de uma tuberculose bovina que havia contraído, ainda criança, ao ingerir leite infectado. Esse óbito exerceu uma influência decisiva sobre Turing. Em várias oportunidades após a morte

---

22. Ibidem, p. 36; trecho omitido na tradução francesa.
23. Observemos que as primeiras tentativas de automatização de jogos, pelo viés do computador, levaram Turing a conceber uma espécie de programação aleatória que lhe permitia escrever "cadáveres delicados" sob a forma de "cartas de amor" (cf. Hodges, 1983 [2014], p. 477).

do amigo, Turing chegou a escrever que, daí em diante, tentaria seguir o exemplo de Morcom, porque tinha de assumir sozinho a vocação científica do colega falecido, procurando levar a bom termo o que este não tinha tido tempo para realizar.[24]

Impunha-se assumir com sucesso a vocação científica de Christopher Morcom — de alguma forma, por fidelidade —, à semelhança do que tinha ocorrido com o filho "Casabianca" em relação ao pai e, talvez, Turing em relação ao avô, o qual havia sido também admitido, em seu tempo, no Trinity College. Essa vocação científica apoiava-se, nessa época, em uma crença muito particular de Turing, ou seja, a crença na reencarnação, que parece ter sido inspirada por outro de seus colegas de turma, Victor Beutell (cf. ibidem, p. 68): a possibilidade da reencarnação oferecia a Turing o meio de identificar-se inteiramente com Christopher Morcom, do ponto de vista tanto intelectual quanto físico.

Após a morte do amigo, Turing escreveu um texto intitulado "Natureza da mente", enviado para a mãe de Christopher Morcom, no qual ele descrevia a maneira como o "mecanismo" que prende a mente ao corpo rompe-se no momento da morte do corpo, e a maneira como a mente, desligada do corpo, "encontra mais cedo ou mais tarde outro corpo, talvez imediatamente". No final do texto, Turing formulava-se a questão de saber por que dispomos de um corpo e por que é impossível para nós "viver livremente como espíritos e nos comunicar como tais" (ibidem, pp. 63-64). Ele próprio dava a resposta à sua pergunta dizendo que o corpo fornecia material para ocupar a mente.

---

24. Os pais de Christopher Morcom instituíram um prêmio científico anual na Public School, instituição em que ele tinha feito seus estudos; aliás, o primeiro laureado foi Turing pelas soluções matemáticas que ele deu ao cálculo dos tempos de determinadas reações químicas (ibidem, p. 52).

Essa comunicação entre as mentes, sem o apoio dos corpos, assemelha-se bastante ao jogo da imitação, o qual supostamente oferece a possibilidade de separar o corpo da mente, tornando assim esta última capaz de ligar-se a outro corpo diferente de seu corpo original, tal como ao de um computador.

Um último detalhe biográfico confirma o papel crucial de Christopher Morcom na vocação científica de Turing. A mãe de Morcom enviou para Turing, no dia em que o filho completaria 21 anos — dia em que teria atingido sua maioridade —, a caneta de Christopher, objeto inventado e designado por ele próprio como sua "caneta de pesquisas" (ibidem, p. 67). A mãe de Christopher entregou, portanto, a Turing, no dia em que o filho se tornaria um adulto, o instrumento que lhe permitia expor suas pesquisas: nesse gesto, há efetivamente um legado, tanto material quanto espiritual, na medida em que a passagem para a maioridade vem a ser um ato simbólico pelo qual, graças a uma transmissão, cada um torna-se responsável de sua vocação. Pode-se imaginar que Turing tenha escrito, com essa caneta, o texto "On Computable Numbers..." durante o verão de 1935.

Até agora, abordamos as condições que tornam possível a invenção da "máquina-mente", mas ainda não da invenção em si mesma que, no entanto, constitui o núcleo da metáfora; voltemos agora, portanto, à própria invenção. A única indicação que possuíamos a respeito das condições empíricas da invenção do conceito de máquina foi relatada por Robin Gandy (cf. Gandy, 1988, p. 82): Turing confiou-lhe que "a ideia principal" de "On Computable Numbers..." lhe tinha vindo à mente, no início do verão de 1935, quando estava descansando, estendido no gramado, depois de uma longa corrida entre Cambridge e Grantchester. Como tal, essa lembrança parece dificilmente utilizável... No entanto, deve-se observar que a corrida desempenha um papel particular na vida de Turing: com efeito, tal atividade tinha para ele uma conotação sexual porque, na adolescência, ele a considerava como um substituto para a masturbação (cf. Hodges, 1983 [2014], p. 57). Mais tarde, ele tinha inventado um jogo que combinava a corrida e o xadrez: entre cada jogada, devia-se correr até o próximo lance do adversário, aliás, uma corrida muito rápida para impedir qualquer tipo de concentração por parte dos jogadores. Turing chegou a ser indigitado para fazer parte da equipe britânica que disputou a maratona nos Jogos Olímpicos que se desenrolaram em 1948, na Grã-Bretanha.[25] Convém, portanto, verificar até que ponto não existe aí o indício do papel desempenhado pela sexualidade na representação que Turing tem de sua própria trajetória criativa; aliás, o jogo da imitação mostrou a importância desse papel no desenrolar de uma partida.

2.2. *O ponto de vista interno ao jogo: a relação com a sexualidade*

Já tínhamos observado que o ponto de vista do desenrolar interno do jogo mantinha uma relação particular com o comportamento verbal dos jogadores e, por conseguinte, com a interpretação da diferença entre os sexos. Agora, vamos proceder à análise das metáforas que, no jogo da imitação, estão relacionadas com o desenrolar interno de uma partida.

2.2.1. As metáforas utilizadas por Turing

Na descrição elaborada por Turing sobre sua própria relação com a invenção, estas duas metáforas são

---

25. Sua renúncia teve a ver com uma lesão no quadril (ibidem, p. 387).

particularmente significativas: a da "equipe de engenheiros" e a da "casca de cebola".

2.2.1.1. *A criação da máquina-mente*

Ao procurar exprimir, de maneira geral, as características que permitem determinar o tipo de máquinas que se pode admitir no jogo da imitação, Turing enuncia estas três: em primeiro lugar, qualquer tipo de engenharia será considerada como utilizável para a construção de máquinas; em seguida, mesmo que os construtores (engenheiro ou equipe de engenheiros) de uma máquina ignorem seu funcionamento interno — pelo fato de sua construção ser amplamente empírica —, vamos considerar que se trata mesmo assim de uma máquina; enfim, os seres humanos, nascidos de maneira natural, não serão assimilados a máquinas. Turing sublinha que é difícil harmonizar essas três condições e faz para si mesmo esta curiosa observação:

> Seria possível, por exemplo, insistir sobre o fato de que os componentes da equipe de engenheiros deveriam ser todos do mesmo sexo, mas que isso não seria realmente satisfatório porque é possível provavelmente construir um indivíduo completo a partir de uma única célula, digamos, da pele de um homem [the skin (say) of a man]. (cf. Turing, 1950a, pp. 435-436)

Como entender essa objeção? Podemos nos questionar em que sentido a existência de uma equipe de engenheiros do mesmo sexo pode aparecer como uma condição *sine qua non* para a construção de uma máquina. Com efeito, finalmente, em que sentido o sexo dos engenheiros exerceria uma influência qualquer na determinação sexual do que eles constroem? Deve-se supor que Turing tem em mente a gestação no sentido biológico do termo: pelo fato de tratar-se de uma gestação biológica, o sexo dos engenheiros determina a natureza sexual do que é criado. Pode-se, portanto, supor — e é aí, sem dúvida, que reside o humor — que a objeção visa suprimir a possibilidade de uma trapaça por parte da equipe de engenheiros, embuste que consistiria em considerar como criação artificial uma "máquina" que, efetivamente, tivesse sido obtida por fecundação e gestação naturais.

Ao formar uma equipe de engenheiros do mesmo sexo, suprime-se simultaneamente a diferença sexual e a possibilidade de qualquer fertilização e gestação naturais: ao ser aceita essa possibilidade, teria sido pressuposto o que deve ser comprovado, ou seja, que a máquina não se distingue de um ser humano. A objeção subentende, portanto, que a diferença sexual entra no contexto do que pertence ao substrato físico: a tentativa de excluir a diferença sexual entra, assim, no projeto geral de suprimir tudo o que se relaciona com o substrato físico particular específico à espécie humana. E, no entanto, Turing não fica por aí, visto que ele critica a objeção quando, afinal, esta avança no próprio sentido do que ele defende. Por quê?

Se a equipe de engenheiros é susceptível a ludibriar e considerar o que é fecundação e gestação naturais como uma construção artificial, é porque a função da equipe em questão é metafórica, permitindo desempenhar, sem o apoio da natureza sexual dos membros da equipe, o papel de um útero feminino no qual seria elaborada a constituição progressiva do feto. Ora, para Turing, a equipe de engenheiros pode desempenhar esse papel — independentemente do fato de os dois sexos estarem, ou não, representados no seio da equipe — e um único engenheiro daria conta da operação. Mas como é que, nesse caso, tal fertilização é possível?

Conforme é afirmado na citação relatada mais acima, Turing pressupõe que é possível reconstruir um indivíduo inteiro a partir de "uma célula da pele de um homem". Turing insiste, portanto, no fato de que se trata da pele de um *homem*, como se, também nessa circunstância, conviesse ver uma manifestação da diferença entre os sexos. Ora, a primeira função da pele consiste em estabelecer a separação entre o interior do corpo e seu exterior: se podemos reconstruir um indivíduo completo a partir de uma única célula da pele, então não há necessidade de procurar sob a pele, nas profundezas do útero, o que já se encontra no exterior, na superfície do corpo. A objeção relativa ao sexo da equipe de engenheiros não é, portanto, para Turing, aceitável se previamente tiver sido descartada a diferença entre os sexos e substituído a fecundação por uma gênese a partir da pele [*skin*]. *A pele desempenha, portanto, por si só, um papel habitualmente atribuído à sexualidade.*[26]

A construção de um indivíduo a partir de uma única célula da pele mantém, assim, uma curiosa relação com a comparação entre procriação natural das crianças e construção artificial das máquinas: ela possui também um estatuto de interface, uma vez que está em posição intermediária relativamente aos outros dois modos de gestação. Deste modo, existem efetivamente dois tipos de criação possível, de acordo com o lugar que eles ocupam em relação à noção de pele: a primeira é tornada possível pelo interior da mulher, enquanto a segunda se torna

---

26. Ao contrário do que se poderia supor à primeira vista, Turing faz alusão à pele em várias oportunidades no decorrer do texto. Nas 29 páginas do artigo, contei sete referências à pele: (1) p. 434, linha 27; (2) p. 436, l. 3; (3) p. 448, l. 8; (4) p. 453, l. 11; (5) p. 454, l. 37; (6) p. 456, l. 38; (7) p. 457, l. 17.

possível mediante a pele do homem. As entidades criadas são, então, masculinas ou femininas no caso da procriação natural, ou masculinas no caso da procriação artificial.

Se essa interpretação é correta, ela permite propor uma razão pela qual o leitor deve adotar, no jogo da imitação, à semelhança de Turing, uma posição *simultaneamente* interna e externa ao jogo, tendo, portanto, um estatuto de *interface* semelhante ao da pele. Segundo o pressuposto de Turing, a mulher — como as crianças inglesas monolíngues — não pode conceber do exterior no jogo, contrariamente ao homem que — à semelhança de Giacomo Casabianca, que sacrifica sua pele pelo fogo — consegue às vezes tal concepção: a diferença entre o ponto de vista interno e o ponto de vista externo remete também à diferença entre os dois termos da diferença dos sexos que o homem consegue superar quando *ele* cria uma máquina, tal como o computador, cuja concepção situa-se, desde então, na interface da diferença sexual. Com a criação da máquina, a pele mantém, assim, uma relação particular que, em vez de excluir, implica uma determinação sexual: a criação da máquina-mente torna-se, portanto, concebível porque os dois termos estão relacionados entre si por intermédio de uma *pele comum*. Como caracterizar essa pele?

2.2.1.2. *O corpo da máquina-mente*

Turing caracteriza essa pele comum por intermédio de uma metáfora, a da "casca de cebola", descrita nos seguintes termos:

> A analogia da "casca de cebola" ["skin of an onion"] é também útil. Ao considerar as funções da mente ou do

cérebro, encontramos certas operações suscetíveis de serem explicadas em termos exclusivamente mecânicos. Dizemos que isso não corresponde à mente verdadeira: trata-se de uma espécie de casca que temos de retirar se pretendermos encontrar essa mente. Mas, no que resta, encontramos outra casca a arrancar, e assim por diante. Ao proceder desse modo, será que algum dia vamos chegar à mente "verdadeira" ou chegaremos finalmente à casca que nada contém? Neste último caso, a mente inteira é mecânica (no entanto, isso não seria uma máquina de estados discretos; já discutimos sobre esse assunto). (cf. Turing, 1950a, pp. 454-455)

Essa pele "primitiva" possui duas características antitéticas: por um lado, ela é um continente sem conteúdo, e Turing deduz daí, então, uma identidade perfeita entre a mente e a máquina; mas, por outro, sua origem continua sendo tão desconhecida quanto o que excede o domínio do mecânico.

A primeira característica permite indicar com precisão o estatuto de interface da pele; ao esfoliamento até um continente sem conteúdo corresponde, quase imediatamente após no texto, uma tatuagem dessa derradeira pele. Turing associa, efetivamente, mecanismo e escrita ao declarar:

> Mecanismo e escrita são, em nosso entender, quase sinônimos. (ibidem, p. 456)

Assim, a escrita viria a substituir qualquer conteúdo possível, sempre demasiado físico e não suficientemente mental. Recordemos que a universalidade da máquina universal apoiava-se no fato de que ela poderia compensar sempre a complexidade de um cálculo por um suplemento de escrita.

A segunda característica da pele "primitiva" parece ser o oposto da primeira. Turing faz alusão ao que, no domínio da mecânica, não seria processável por uma máquina de estados discretos, ou seja, por um computador. Como designar por "mecânico" o que não depende dos procedimentos efetuáveis em uma máquina de estados discretos? Turing diz que essa questão já havia sido discutida no artigo: de fato, tal discussão não aparece em parte alguma, e o delicado problema do que vai além do mecânico é, portanto, tratado aqui por preterição. Ao afirmar que ele já tinha falado sobre esse assunto, Turing remete o problema da existência comprovada do não mecânico a um estado do passado, cuja origem permanece tão misteriosa quanto a da fecundação, a respeito da qual a imagem da equipe de engenheiros tinha falado igualmente por preterição. Essa origem misteriosa volta a encontrar-se na concepção de Turing relativamente ao verbal. Com efeito, ele observa que a linguagem natural não é o canal de aprendizagem adequado para o aprendizado da máquina, e que se impõe comunicar-se com ela por intermédio de uma linguagem formal:

> De outra maneira, seria possível ter um sistema completo de inferência lógica construído no interior.
> Nota: Ou, de preferência, "programado no interior", porque nossa máquina-criança será programada em um computador digital. Mas o sistema lógico não terá de ser aprendido. (ibidem, p. 457)

A origem dessa linguagem lógica — do tipo escritural — não é indicada com precisão. A escrita formal é um meio de comunicação *desencarnado*; como tal, sua origem não é atribuível.

Ainda resta nos questionar sobre o que, na vida de Turing, o teria levado a conceber a criação da máquina-mente de acordo com o modelo que acabamos de descrever.

2.2.2. Os fantasmas na origem das metáforas utilizadas por Turing

Duas séries de observações relativamente aos fantasmas peculiares a Turing podem ser expostos sobre a criação da metáfora da máquina-mente.

2.2.2.1. O sacrifício da pele e o fantasma da partenogênese

Já observamos o papel bem particular que a pele desempenha na elaboração do jogo da imitação; aqui, vamos contentar-nos em estabelecer o vínculo com alguns episódios da vida de Turing.

O primeiro diz respeito ao fato de que Turing foi circuncidado por razões médicas[27]; de acordo com suas afirmações, ele tinha experimentado, posteriormente, um grande pesar relativamente a essa intervenção e parecia-lhe que ela havia determinado, em parte, sua relação com a sexualidade. A circuncisão, ato médico, tornou-se ato simbólico de natureza sacrificial: tal intervenção parece-lhe ser como que um dano provocado na integridade da pele, evocação do exemplo do poema "Casabianca". Em uma carta enviada aos pais, aos onze anos, em 11 de fevereiro de 1923, ele faz alusão a esse poema e coloca-o em relação com uma de suas invenções, que consiste em

---

27. Cf. Hodges, 1983 [2014], p. 77. Hodges não indica a data desse acontecimento.

construir um filme sob a forma de uma fita de dezesseis imagens sucessivas nas quais estão desenhadas as figuras correspondentes à narrativa.[28] Mas o relato representado não é o desse poema, mas o de uma paródia de "Casabianca". Convém insistir de forma mais aprofundada sobre essa paródia.

Tal poema conheceu um curioso destino no sistema educacional britânico: aprendido de cor[29] por várias gerações de alunos até hoje, esquece-se, em geral, o poema original, assim como o nome do autor; em compensação, a partir do poema, são inventados numerosos versos, na maior parte das vezes de consonância grosseira ou maliciosa.[30] A paródia do poema, tal como ela é relatada por Turing — "O menino ficou na mesa de chá" —, faz parte, portanto, da tradição estudantil, conhecida certamente pelos pais de Turing, assim como as conotações frequentemente sexuais desse tipo de paródia, mesmo que Turing não mencione em sua carta tais alusões. Seja como for, a elaboração do filme vislumbrado por ele estabelece a relação entre sua própria ideia do sacrifício e a questão da sexualidade, graças à construção de uma máquina que decompõe em etapas sucessivas, representadas por casas, a narrativa parodiada do poema. A pele manifesta-se, portanto, por intermédio da fita do filme: reencontrar a integridade da

---

28. "Querida Mãe e Paizinho, (...) há 16 imagens para cada [filme] e dei-me conta de que eu podia desenhar 'O menino ficou na mesa de chá' ['The boy stood at the tea table'], que é, como os senhores sabem, a cantilena feita a partir de Casabianca." Cf. ibidem, p. 13.
29. Turing faz alusão a esse aprendizado de cor em "Computing Machinery and Intelligence" (cf. Turing, 1950a, p. 457).
30. Entre um grande número de outras, cito esta paródia:
    "O menino fica na ponte em chamas
    Os pés cobertos de bolhas
    Ele tinha rasgado sua camisola até embaixo
    E foi obrigado a usar a camisola da irmã..."

superfície da pele passa pela criação de uma máquina que expõe o relato do sentido conferido a essa perda de integridade experimentada na circuncisão. O fato de que Turing, em sua reflexão sobre o jogo da imitação, se sirva do exemplo de "Casabianca" mostra a pregnância desse poema e de suas paródias na significação que ele atribui à criação da máquina de Turing (cf. Turing, 1950a, p. 457). Será que se trata de uma das primeiras origens da máquina de Turing, de sua fita infinita e de suas casas suscetíveis, graças a um procedimento regulado, de reencontrar a integridade perdida do corpo? Eis o que é bem possível.

No extremo oposto de sua carreira científica, outro fato pode ser, sem dúvida, relacionado com o papel do sacrifício da pele e com a maneira como ele poderia ter reagido a essa situação: para estudar "As bases químicas da morfogênese" (cf. Turing, 1952), Turing escolhe o caso da *Hydra*[31], pequeno pólipo de água doce, cuja característica mais surpreendente consiste em ser capaz de se regenerar depois do corte de uma de suas partes.

O próprio Turing afirma que o caso da *Hydra* é aquele que se assemelha mais a seu modelo teórico; assim, pode-se supor, considerando sua insistência bem particular a esse respeito, que não se trata de um simples exemplo, mas do caso a partir do qual Turing generalizou seu modelo. Essa generalização consistia em descrever matematicamente as tarefas em que apareceriam ulteriormente os novos tentáculos (cf. Turing, 1952, § 11, p. 32). De maneira geral, o modelo permitia descrever a aparição das manchas na pelagem dos animais. Um dos termos ingleses para designar a pelagem é "hide". Por sua vez, o verbo correspondente ao mesmo termo significa "esconder-se": inclusive, não caberá ao jogo da imitação esconder seu

---

31. Cf. cap. III, § 3.1.2., "Exemplos".

pertencimento a um dos dois sexos pela ausência de contato além do verbal? Haveria, assim, na importância que Turing reconhecia à *Hydra*, um interesse manifestado pela ideia de uma regeneração sem fecundação interna: as manchas na pele seriam testemunho disso.[32] Parece plausível que, na generalização do modelo morfogenético feita a partir do caso da *Hydra*, seja possível ler um fantasma de castração e, simultaneamente, o meio de escapar-lhe: a regeneração do corpo da *Hydra* passa não por uma regeneração do corpo, mas pela regeneração de sua pele, que desempenha o papel de interface entre o interior e o exterior do corpo. Assim, a regeneração da pele da *Hydra* suscitaria um interesse particular do ponto de vista do aspecto simbólico da modelização informática precisamente porque — de acordo com o que acabamos de observar a propósito de uma das origens primitivas da ideia de máquina de Turing — a máquina desempenharia, do ponto de vista exclusivamente mental, o papel que a *Hydra* desempenhava no corpo: a constituição de uma forma elaborada a partir de uma superfície. Voltaremos a encontrar, assim, o aspecto concomitante da elaboração dos modelos computacionais da mente e do corpo, cujo objetivo simbólico consistiria em garantir a possibilidade de uma partenogênese: de um modo de esquivar a diferença sexual.

---

32. Aliás, é útil observar que esse tipo de fantasma não é peculiar a Turing, mas faz parte de um questionamento persistente na história cultural do Ocidente, visto que se encontram vestígios disso tanto no livro do *Gênesis* — Jacó faz com que as cabras no cio se acasalem diante das varas descascadas, deixando o branco a descoberto, para que elas deem crias listradas, raiadas ou malhadas (cap. 30, vers. 37-41) — quanto em *Histórias assim* (São Paulo: Editora Octavo, 2012), de Kipling, coletânea na qual um dos contos incide precisamente sobre as razões das manchas na pelagem do leopardo.

2.2.2.2. Desconfiança em relação ao feminino

Outros fatos sobre a relação de Turing com o feminino e com o papel atribuído à língua natural devem ser relatados: eles podem explicar, em grande parte, o papel desempenhado pela mulher no jogo da imitação.

No que diz respeito à relação com o verbal, pode-se fazer referência ao período que Turing passou, durante a guerra, em Bletchley Park. O trabalho de decodificação tinha começado, antes da guerra, por matemáticos poloneses, e o método de decodificação utilizado por eles baseava-se na descoberta, a partir das mensagens codificadas, de repetições discerníveis de letras chamadas "fêmeas" — sem que se saiba o motivo de tal denominação —, e cuja pesquisa era mecanizada.[33] A complexidade crescente da codificação praticada pelas forças armadas alemãs envolvidas na guerra exigia um novo método: Turing encontrou outro ainda mais eficaz que consistia em operar não apenas o *reconhecimento mecanizado* da repetição, mas em *operar mecanicamente a eliminação* das repetições incompatíveis, limitando assim consideravelmente os problemas da explosão combinatória.

Ao construir uma máquina capaz de identificar as contradições entre letras fêmeas, havia o expediente de reconstituir a aparência física assumida pela máquina a codificar, ou seja, que era possível estabelecer o vínculo entre as letras fêmeas, vestígios apenas perceptíveis de língua natural, e a posição *física* assumida pela máquina adversária. Verifica-se aqui a semelhança com o jogo da imitação no qual o interrogador deve estabelecer com sucesso um vínculo entre as mensagens criptografadas e o substrato físico. No que diz respeito à estratégia feminina, vamos lembrar que ela consiste em dizer a verdade

---

33. Cf. cap. I, § 2.4.1., "A criptologia".

sobre sua identidade pela *repetição* de que é ela efetivamente a mulher. No trabalho de Turing relacionado com a criptologia, encontra-se sem dúvida uma origem do pressuposto do jogo da imitação segundo o qual compete à mulher dizer a verdade ao repetir sua identidade. Na mesma época, na primavera de 1941, Turing pediu em casamento Joan Clarke — a única mulher especialista em matemática do grupo de criptografia de Bletchley Park —, rompeu o noivado no final do mês de agosto e continuou mantendo relações amistosas com a ex-noiva.[34]

Podemos, sem dúvida, relacionar outro episódio do trabalho de Turing, durante a guerra, com sua concepção da natureza do verbal: após retornar dos Estados Unidos, em março de 1943, ele construiu uma máquina para codificar a voz humana que se tornou operacional nas últimas semanas da guerra. Vale lembrar que, na aprendizagem das máquinas — de acordo com sua descrição em "Computing Machinery and Intelligence" (Turing, 1950a) —, a língua natural é considerada como um meio de comunicação demasiado *carnal* pelo fato de estar ligada aos afetos, e que há vantagem em substituí-la por uma linguagem abstrata de natureza lógica. Não está excluído que o desaparecimento da voz humana, tornado possível por sua máquina, possa ser interpretado como um distanciamento do aspecto demasiado carnal da fala. Sua máquina destinada a codificar não produzia uma linguagem formal, mas um sussurro contínuo que deixou de ter

---

34. Observemos igualmente que a ação das mulheres é restrita a empregos subalternos quando se trata de colocar o computador em funcionamento. Por ocasião de sua conferência na London Mathematical Society, em fevereiro de 1947, Turing menciona, sem ter prevenido o público, que as "moças" é que estão encarregadas de inserir os cartões perfurados no computador. Suponho que essas "moças" são uma reminiscência do período da guerra: em Bletchley Park, as auxiliares faziam parte da corporação das WRENS (Women's Royal Navy Service [Serviço Feminino da Marinha Real]).

qualquer relação com uma língua natural. Turing tinha nomeado sua máquina de "Dalila", figura bíblica, porque ela "havia traído os homens" (cf. Hodges, 1983 [2014], p. 273). Ainda nesse aspecto, a problemática do jogo da imitação pode ser reencontrada facilmente: com efeito, a máquina destinada a codificar a voz humana ocupa uma posição intermediária entre o carnal e o formal.

2.2.3.3. Papel da química na apreciação da diferença sexual

Convém mencionar, finalmente, certo número de fatos referentes à interpretação que Turing parece ter feito do papel da química e que estão relacionados com seu suicídio.

A condenação imposta a Turing em março de 1952 por crime de homossexualidade — e que o impedia de continuar seu trabalho de consultor para o Serviço Britânico das Cifras (GC&CS) — consistia em tomar injeções de hormônios femininos, as quais supostamente erradicariam sua homossexualidade ao modificar seu equilíbrio químico interno. Esse tratamento hormonal teve o efeito, por um lado, de torná-lo temporariamente impotente e, por outro, de fazer crescer os seios (ibidem, pp. 473-474). Ele tomou as injeções de abril de 1952 até o mesmo mês de 1953, no decorrer de um período chamado "probatório", durante o qual ele foi vigiado pela polícia, sem dúvida por razões relacionadas à guerra fria; sua plena liberdade só foi recuperada em abril de 1953 (ibidem, p. 486). Um ano mais tarde, Turing pôs fim à vida, na noite de 7 de junho de 1954, ao ingerir uma maçã que ele havia macerado anteriormente em cianeto. Além do fato de Turing ter o costume de comer uma maçã todas as noites antes de se deitar (id., ibid., p. 279), as circunstâncias desse suicídio — e, em particular, a utilização de uma maçã — remetem, uma vez mais, a fatos de natureza simbólica.

Em primeiro lugar, Christopher Morcom tinha falecido na sequência de um envenenamento, e tal detalhe provavelmente não tinha sido esquecido por Turing: com efeito, em seus trabalhos morfogenéticos sobre a filotaxia, ele tinha designado como "veneno" as substâncias que impediam o crescimento.[35] Talvez, nesse envenenamento, houvesse a confirmação fantasmática de outro envenenamento, aquele que é descrito no filme "Branca de Neve e os sete anões", ao qual Turing tinha assistido em outubro de 1937: ele havia ficado particularmente impressionado com a cena em que a madrasta de Branca de Neve tenta matá-la, levando-a a comer uma maçã, embebida previamente por ela em um caldo de veneno. O refrão cantado pela madrasta, cuja aparência é a de uma bruxa, é o seguinte:

"Mergulha a maçã no caldo,/ Que se infiltre aí a Morte que faz dormir".

Turing tinha o costume de cantar esse refrão como uma lengalenga sem fim (cf. Hodges, 1983 [2014], pp. 149 e 489). Quando sabemos que Turing não foi criado pela mãe, mas por uma babá, podemos nos questionar se a bruxa de Branca de Neve não é a babá em pauta, ou talvez até mesmo, por extensão, sua verdadeira mãe. O veneno só é, portanto, objeto de estudo se ele se situa fora do corpo: se for transportado para o interior do corpo, o que prevalece é a vontade de matar a bruxa. Essa passagem do exterior para o interior está assim

---

35. Cf. Turing e Richards, 1953-1954, p. 98; e cap. III, § 3.2.2., "Aplicação do modelo da reação-difusão".

relacionada diretamente ao domínio do químico e do sexual. A condenação de Turing a tomar injeções de hormônios femininos tem a ver, então, com a mesma problemática: trata-se da intrusão ameaçadora no corpo de um elemento químico com uma significação sexual, mediante a transferência do exterior para o interior do corpo. A condenação legal de Turing entra aqui, talvez, em ressonância com a condenação de seu próprio sonho de gestação, tal como ele é descrito nos modelos computacionais e morfogenéticos. Deve-se observar também, desse ponto de vista, que a maçã é, como todo o mundo sabe, uma fruta altamente simbólica na tradição judaico-cristã: de fato, tendo pretendido assumir o lugar de Deus ao comer a maçã do conhecimento do bem e do mal é que Adão foi expulso do paraíso terrestre.

Mencionemos, enfim, que Turing vivenciou seus últimos momentos de lazer na companhia de seu psicanalista e de sua família[36]: eles tinham ido passar o domingo em Blackpool, perto de Manchester, local de um parque de diversões permanente. Nessa ocasião, Turing foi consultar uma vidente, a "Rainha Cigana", enquanto os Greenbaum estavam à sua espera no exterior da tenda: a consulta durou meia hora, e Turing saiu pálido e incapaz de falar. No dia seguinte, deixou seus acompanhantes; ao telefonar para o psicanalista no sábado seguinte, não encontrou ninguém em casa.

Dois dias depois, na segunda-feira de Pentecostes de 1954, Turing punha fim à vida: ele tinha 42 anos. Do ponto de vista teológico, a festa de Pentecostes celebra a descida

---

36. Turing tinha começado, no final de 1952, uma terapia com um psicanalista junguiano, exilado alemão, Franz Greenbaum; no decorrer dessas sessões, parece que ele descobriu uma profunda hostilidade para com a mãe. Por sua vez, sua relação com o psicanalista parece ter evoluído para o registro de uma pura e simples amizade (cf. Hodges, 1983 [2014], pp. 480-481).

do Espírito Santo sobre os apóstolos; do ponto de vista pessoal, o Pentecostes estava vinculado, para Turing, à memória de Christopher Morcom, cujo cântico favorito tinha precisamente como tema essa festividade (cf. ibidem, p. 76). Alguns dias antes, Turing tinha enviado para R. Gandy um postal em que ele havia escrito este aforismo:

> A Ciência é uma equação diferencial. A Religião, por sua vez, é uma condição aos limites. (ibidem, p. 513)

Essa "segunda-feira do espírito", em que se verificava a coincidência entre uma festa religiosa e a lembrança do amigo defunto, parece ter sido fatal para Turing.

3. *A ciência do mental*

As conclusões desta nossa análise podem ser agrupadas em dois temas gerais: ponto de vista epistemológico e ponto de vista filosófico.

3.1. *Ponto de vista epistemológico*

Se estivermos de acordo, como foi defendido no capítulo precedente[37], de que a modelagem matemática e computacional do pensamento e do corpo era concebida por Turing como uma resposta à pergunta sobre o *estatuto mecânico do não computável*, então é possível conceber de maneira semelhante o projeto de simulação informática da diferença entre os sexos, tal como é proposto pelo jogo da imitação: tratar-se-ia de uma

---

37. Cap. III, Introdução.

elaboração da questão da *criação* no pensamento e no corpo, enquanto a criação é produtora de forma. O fato de que Turing não tenha encontrado a solução definitiva para o estatuto seja do não computável, seja da diferença entre os sexos, dá testemunho do aspecto problemático das expressões que ele nos oferece de sua relação com o mundo; tal observação acaba tendo forçosamente consequências sobre a concepção que se deve ter a respeito de uma ciência do mental.

3.2. Ponto de vista filosófico

3.2.1. O respeito devido à ciência

Um cientista ficará chocado, sem dúvida, com o tipo de análise proposto por mim sobre o papel simbólico das metáforas, enquanto testemunhas das motivações de Turing. Imagino que seus motivos de desaprovação poderiam ser formulados da seguinte maneira: ele poderia dizer que estou manifestando falta de respeito à ciência e que o fato de introduzir considerações de natureza psicológica tem o único objetivo de minimizar ou, até mesmo, de solapar o valor da ciência, causando prejuízo a seu aspecto conceitual. Eu responderia que essa não era minha intenção porque *é preferível saber onde se situam os fantasmas pessoais de um criador para evitar ser induzido em erro a seu respeito.*

No caso que nos ocupa, o fato de repetir o argumento do jogo da imitação — como se faz com tanta frequência, sem reconhecer as motivações inconscientes de Turing — leva a tomar partido em favor ou contra o projeto de inteligência artificial, ao mesmo tempo em que são reconduzidos os fantasmas de Turing que, pelo contrário, deveriam permanecer individuais para que seja possível elevar-nos plenamente à generalidade da ciência; aliás, esse é o preço exigido por uma avaliação epistemológica do projeto de Turing. Assim, seria possível observar, por exemplo, que uma teoria da mente "à maneira de Turing" — que pode ser classificada na categoria do cognitivismo — *não consegue explicar sua própria aparição*, pelo fato de que esta envolve noções de natureza psicanalítica, cuja pertinência não é reconhecida pelo cognitivismo; trata-se precisamente daquelas noções sublinhadas por mim relativamente à sexualidade, ao corpo e à linguagem, além da interação de todas elas com o pensamento. Existe aí um ponto cego do cognitivismo que, em meu entender, não está em condições de dar conta de sua própria gênese.

Seria possível arguir que os conceitos descobertos por Turing são, *de imediato*, totalmente independentes de seu autor pelo próprio fato de que eles são conceitos. E é verdade que um especialista de informática ou um biólogo pode atualmente servir-se do conceito de "máquina de Turing" ou de "estrutura de Turing" sem saber nada sobre a vida psicológica, consciente ou inconsciente, de seu autor. *Mas os conceitos não são, de imediato, conceitos*: neste caso, ao receber, sob uma forma conceitual, um problema construído por Hilbert, Turing elabora uma nova expressão conceitual a partir de um conteúdo mais primitivo e mais individual a respeito do qual mostrei que ele era, pelo contrário, sempre presente. Não tentei, portanto, "psicologizar" um conceito. No entanto, mostrei *em que aspecto intervinha o psicológico na elaboração conceitual*, porque a ciência elabora-se forçosamente com indivíduos, *sejam eles quais forem*, mas sempre *com* eles: se as metáforas utilizadas por Turing são realmente pessoais, o papel da metáfora, em compensação, não o é. Eis por que o respeito devido à ciência deve ser duplicado de um respeito em relação ao pensamento que, em meu entender, inexiste fora dos indivíduos que o encarnam.

3.2.2. A ciência do mental como ciência da constituição dos conceitos

Há certamente, ao apresentar uma visão geral do pensamento de um autor, um interesse anedótico para descrever sua trajetória mental e, desse ponto de vista, eu tinha necessidade de fazer justiça ao que sabíamos acerca da personalidade de Turing, de sua vida e de seus compromissos. Mas existe, sobretudo, um interesse geral em exibir as molas profundas de sua psicologia, porque é extremamente raro dispor desses dados que, desde então, podem ser usados na elaboração de uma teoria geral do mental ou, no mínimo, em um estudo sobre a vida psíquica dos cientistas e sobre a elaboração da ciência em geral.

Desse ponto de vista, o leitor tem o direito de formular a seguinte pergunta: os fantasmas de um indivíduo seriam participantes de sua criação científica ou, em vez disso, deveriam ser eliminados para separá-los nitidamente dos mecanismos cognitivos em curso na invenção? Tanto quanto eu possa julgar sobre o caso de Turing, os fantasmas participam efetivamente da criação científica, mesmo que posteriormente, de um ponto de vista intersubjetivo, a ciência constituída não retenha o aspecto individual da criação. Mas tal atitude, compartilhada pela maioria dos cientistas, implica igualmente a possibilidade de estudar a ciência *em sua própria constituição*, e esse estudo faz parte *também* da ciência: trata-se de uma ciência do mental, ciência bastante particular precisamente porque ela não é uma teoria dos conceitos *que já tivessem chegado ao estado final de sua elaboração*, mas *enquanto eles se elaboram*.

Esse foi meu ponto de vista no decorrer deste capítulo.

Conclusão

Em determinado momento, na companhia de R. Gandy, Turing questionava-se para saber como havia sido possível falar de sexualidade antes de Freud (cf. Hodges, 1983 [2014], p. 459).

Do mesmo modo, a obra de Turing incentiva a questionar-nos, atualmente, para saber qual poderia ser efetivamente o estado das ciências antes do advento da informática. A profunda originalidade de Turing — que estabeleceu o paralelismo, de maneira inédita, entre domínios científicos que haviam permanecido heterogêneos até ele — é desse ponto de vista incontestável. Convém, assim, atribuir-lhe a paternidade de uma nova ciência, cuja denominação ainda não está definitivamente estabilizada: inteligência artificial, modelização dos sistemas inteligentes, bioinformática. Seja qual for o nome, ela consiste em criar a relação entre a lógica e a biologia.

No século XVII, quando Galileu estabeleceu o primeiro esboço de outra relação — a da matemática com o mundo material da física —, a filosofia cartesiana respondeu ao problema dessa equiparação por uma *metafísica do fundamento na veracidade divina*.

Ao problema atual do paralelismo entre a lógica e a biologia, a filosofia responde por uma análise da noção de inteligência a partir da categoria de Sujeito. A questão da natureza da *psicologia* é sua mola profunda. Estamos longe de ter concluído a sondagem de seus limites e de ter pensado suas condições de possibilidade. No entanto, daqui em diante, uma coisa é certa. O estabelecimento de relação entre a lógica e a biologia transformou radicalmente a fisionomia da ciência: ela contribuiu para a generalização da modelização informática em todos os domínios do saber, assim como para uma profunda renovação da pesquisa sobre a cognição humana.

Tal mudança de perspectiva é o legado incontestável de Turing. Ainda resta avaliar seu valor e aprofundar seu sentido.

Indicações bibliográficas

Alan M. Turing em francês

(1995). "Théorie des nombres calculables, suivie d'une application au problème de la décision", pp. 49-104, in J.-Y. Girard. *La machine de Turing*. Paris: Seuil.

(1995). "Les ordinateurs et l'intelligence", pp. 135-175, in J.-Y. Girard. *La machine de Turing*. Paris: Seuil.

Alan M. Turing em inglês

(1935). "Equivalence of Left and Right Almost Periodicity", in *J. London Math. Soc* 10, pp. 284-285.

(1936). "On Computable Numbers with an Application to the Entscheidungsproblem", in *Proceedings of the London Mathematical Society*, Series 2, 42, pp. 230--265. Errata in Series 2, 43 (1937), pp. 544-546. Disponível em <http://www.cs.ox.ac.uk/activities/ieg/e-library/sources/tp2-ie.pdf>.

(1938). "The Extensions of a Group", in *Composition Math.* 5, pp. 357-367.

(1939). "Systems of Logic based on Ordinals", in *Proceedings of the London Mathematical Society* 45 (ser 2), pp. 161-228.

(1943). "A Method for the Calculation of the Zeta-Function", in *Proc. London Math. Soc.* (2) 48, pp. 180-197.

(1945). "Proposal for the Development in the Mathematics Division of an Automatic Computing Engine (ACE)", in Executive Committee, *National Physical Laboratory* (HMSO), pp. 1-20.

(1947). "Lecture to the London Mathematical Society on 20 February 1947", in Executive Committee, *National Physical Laboratory* (HMSO), pp. 1-20.

(1948). "Intelligent Machinery", in Executive Committee, *National Physics Laboratory* (HMSO), pp. 1-20.

(1949). "Checking a Large Routine", in *Report of a Conference on High Speed Automatic Calculating Machines* (EDSAC Inaugural Conference, 24 de junho de 1949), pp. 67-69.

(1950a). "Computing Machinery and Intelligence", in *Mind* LIX, 236, pp. 433-460. Disponível em <http://www.loebner.net/Prizef/TuringArticle.html>.

(1950b). "The Word-Problem in Semi-Groups with Cancellation", in *Annals of Mathematics*, Second Series, vol. 52, n. 2, pp. 491-505.

(1952). "The Chemical Basis of Morphogenesis", in *Phil. Trans. Roy. Soc.*, series B, Biological Sciences, vol. 237, n. 641 (14 de agosto de 1952), pp. 37-72.

(1953a). "Some Calculations of the Zeta-function", in *Proc. London. Math. Soc.* (3) 3, pp. 99-117.

(1953b). "Digital Computers Applied to Games", in *Faster Than Thought*, B. V. Bowden, Londres, Pitman, 31, pp. 286-310.

(1953c). "Outline of Development of a Daisy", pp. 119-123, in *Collected Works of A. M. Turing*, vol. 3 — *Morphogenesis,* 1992c, P. T. Saunders (Editor). North-Holland (Amsterdã; Londres).

(1954). "Solvable and Unsolvable Problems", in *Science News*, 31, pp. 7-23.

(1992a). *Collected Works of A. M. Turing*, vol. 1 — *Mechanical Intelligence* (Advances in Psychology), D. C. Ince (Editor). North-Holland (Amsterdã; Londres).

(1992b). *Collected Works of A. M. Turing*, vol. 2 — *Pure Mathematics* (Studies in Logic and the Foundations of Mathematics), J. L. Britton (Editor). North-Holland (Amsterdã; Londres).

(1992c). *Collected Works of A. M. Turing*, vol. 3 — *Morphogenesis* (Advances in Psychology), P. T. Saunders (Editor). North-Holland (Amsterdã; Londres).

(2001). *Collected Works of A. M. Turing*, vol. 4 — *Mathematical Logic* (Studies in Interface Science), R. O. Gandy e C. E. M. Yates (Eds.). North-Holland (Amsterdã; Londres).

(2004). *The Essential Turing: Seminal Writings in Computing, Logic, Philosophy, Artificial Intelligence, and Artificial Life plus The Secrets of Enigma*. Oxford: Oxford University Press.

(2012). "Ano de Alan Turing" (centenário do nascimento). Cf. eventos comemorativos, disponíveis em <http://www.mathcomp.leeds.ac.uk/turing2012/> e <http://turing100.fee.unicamp.br/>.

The Alan Turing Bibliography — compilação de Andrew Hodges, autor de *Alan Turing: the Enigma*, disponível em <http://www.turing.org.uk/sources/biblio.html>.

The Turing Digital Archive, disponível em <http://www.turingarchive.org/>.

Turing Archive for the History of Computing, disponível em <http://www.alanturing.net>.

Universidade de Canterbury (Nova Zelândia): a maior coleção internet de reproduções digitais de documentos originais de Turing e de outros pioneiros da computação.

Textos de Alan M. Turing escritos em colaboração

TURING, Alan M.; RICHARDS, B. (1953-1954). "Morphogen Theory of Phyllotaxis", pp. 49-118, in *Collected Works of A. M. Turing*, vol. 3 — *Morphogenesis*, 1992c. P. T. Saunders (Editor). North-Holland (Amsterdã; Londres). Cf. também <http://www.rutherfordjournal.org/article010109.html>.

TURING, Alan M.; WARDLAW, C. (1953). "A Diffusion-Reaction Theory of Morphogenesis in Plants", pp. 37-47, in *Collected Works of A. M. Turing*, vol. 3 — *Morphogenesis*, 1992c. P. T. Saunders (Editor). North-Holland (Amsterdã; Londres). Cf. <http://citeseerx.ist.psu.edu/viewdoc/download?doi=10.1.1.247.9598&rep=rep1&type=pdf>.

TURING, Alan M.; SKEWES, S. (1939). "On a Theorem of Littlewood", pp. 153-174, manuscrito publicado in *Collected Works of A. M. Turing*, vol. 2 — *Pure Mathematics*, 1992b. J. L. Britton (Editor). North-Holland (Amsterdã; Londres).

Outros textos sobre Alan M. Turing

ALAN TURING (1912-1954). *Boletim da Sociedade Portuguesa de Matemática*, n. 67, out. de 2012.

ANDERSON, A. R., Ed. (1964). *Minds and Machines*. Englewood Cliffs: Prentice-Hall.

BABBAGE, C. (1826). "On the Principles and Development of the Calculator and Other Seminal Writings", in *Philosophical Transactions of the Royal Society*, 2.

BAILLY, F.; LONGO, G. (2006). *Mathématiques et sciences de la nature. La singularité physique du vivant*. Paris: Hermann.

BODEN, M., Ed. (1990). *The Philosophy of Artificial Intelligence, A Source Book*. Oxford: Oxford University Press.

BOREL, E. (1921). "Sur les jeux psychologiques et l'imitation du hasard", in *Élements de la théorie des probabilités*, pp. 259-263. Paris: Albin Michel.

BRILLOUIN, L. (1959). *La science et la théorie de l'information*. Paris: Masson.

BUTTERWORTH, Ed. (1967). *Key Papers: Brain Physiology and Psychology*. Manchester: University Park Press.

CAMPBELL-KELLY, M. (1981). "Programming the Pilot Ace: Early Programming Activity at the National Physical Laboratory", in *Annals of the History of Computing*, 3 (2), pp. 133-162.

CARPENTER, B. E.; DORAN, R. W. (1986). *A. M. Turing's ACE Report of 1946 and Other Papers*. Cambridge, Mass.: MIT Press.

CATTIEUW, A.; HÉBRARD, P. (2002). "De la mécanique à l'ordinateur", pp. 18-25, in *Dossier Pour la Science*, n. 36, julho-outubro de 2002 — *L'art du secret. La cryptographie*.

CHURCH, A. (1936). "A Note on the *Entscheidungsproblem*", in *Journal of Symbolic Logic* I, pp. 40-41.

COULLET, P. (1998). "Le pendule et le coquillage", in *La Recherche*, janeiro de 1998, (305), pp. 78-82.

D'ARCY THOMPSON (1917). *On Growth and Form*. Cambridge: Cambridge University Press.

DUPUY, J.-P. (1994). *Aux origines des sciences cognitives*. Paris: La Découverte.

GANDY, R. (1988). "The Confluence of Ideas in 1936", pp. 55-111, in *The Universal Turing Machine; a Half--Century Survey*. R. Herken. Oxford: Oxford University Press.

GASPARI, E. (1998). "Turing, o maior grampeador da história", in "Viva Jaccarda, ele gera empregos". *Folha de S.Paulo*, domingo, 22 nov. 1998. Disponível em: <http://www1.folha.uol.com.br/fsp/brasil/fc22119818.htm>.

GÖDEL, K. (1929). Die Vollstandigkeit der Axiome des logischen Funktionenkalküls. *Logique mathématique — Textes*, pp. 175-185, J. Largeault. Paris: Armand Colin.

___ (1931). Über formal unentscheidbare Sätze der Principia Mathematica und verwandter Systeme I. *Le théorème de Gödel*, pp. 107-143. Paris: Seuil [Em português: "Acerca de proposições formalmente indecidíveis nos *Principia Mathematica* e sistemas relacionados", cf. Gödel, K. et al., 1979].

___ (1972). «Some remarks on the undecidability results», II, pp. 305-306, in *Collected Works*. Oxford: Oxford University Press.

GÖDEL, K. et al. (1979). *O Teorema de Gödel e a Hipótese do Contínuo*. Organizado por Manuel Lourenço. Lisboa: Fundação Calouste Gulbenkian.

GOLDSTINE, H. (1972). *The Computer from Pascal to Von Neumann*. Princeton: Princeton University Press.

GOOD, I. J. (1979). "A. M. Turing's Statistical Work in World War II", in *Biometrika* 66 (2), pp. 393-396.

___ (1992). "Introductory Remarks for the Article 'A. M. Turing's Statistical Work in World War II'", pp. 211--223, in *Collected Works of A. M. Turing*, vol. 2 — *Pure Mathematics*, 1992b. J. L. Britton (Editor). North-Holland (Amsterdã; Londres).

GRIGORIEFF, S. (1991). *Logique et Informatique: une introduction*. Paris: INRIA.

HARDY, G. H. (1929). "Mathematical Proof", in *Mind* 38 (1929), pp. 1-25.

HERBRAND, J. (1931). "Notes de Herbrand écrites en marge de sa thèse", in *Écrits logiques*, p. 210. J. v. Heijenoort. Paris: Presses Universitaires de France.

HERKEN, R., Ed. (1988). *The Universal Turing Machine; a Half-Century Survey*. Oxford: Oxford University Press.

HERRENSCHMIDT, C. (2007). *Les trois écritures. Langue, nombre, code*. Paris: Gallimard, col. "Bibliothèque des Sciences humaines".

HILBERT, D. (1917). "Axiomatisches Denken", in *Mathematische Annalen*, 78 (1918), pp. 405-415.

___ (1922). "Die logischen Grundlagen der Mathematik", in *Math. Annal.*, 88 (1923), pp. 151-165.

___ (1925). "Über das Unendliche", in *Math. Annal.*, 95 (1926), pp. 161-190.

___ (1928). "Probleme der Grundlegung der Mathematik", in *Math. Annal.* 102 (1929), pp. 1-9.

HODGES, A. (1988). "Alan Turing and the Turing Machine", in *The Universal Turing Machine; a Half-Century Survey*, pp. 3-15. R. Herken. Oxford: Oxford University Press.

___ (2001). *Turing: Um filósofo da natureza*. São Paulo: Unesp, col. "Grandes Filósofos" [o original cita a edição inglesa: *Alan Turing; a Natural Philosopher*. Londres: Phoenix, 1997].

___ (2014). *Alan Turing: The Enigma*. London: Vintage, Random House / Princeton: Princeton University Press [o original cita a 1ª ed. London: Burnett Books Ltd, 1983].

HOFSTADTER, D. (1985). *Gödel, Escher et Bach*. Paris: Interéditions.

HOFSTADTER, D. e DENNETT, D. C., Eds. (1987). *The Mind's I*. Nova York: Basic Books.

INTELLECTICA — Revista da *Association pour la Recherche Cognitive* (ARCo [Associação promotora de Pesquisas Cognitivas]). Publicada com o apoio do CNRS desde 1985, ela dirige-se ao conjunto das disciplinas interessadas pelo estudo da cognição. Disponível em <http://intellectica.org/SiteArchives/index.htm>.

JASTROW, R. (1981). *The Enchanted Loom*. Nova York: Simon & Schuster.

KEPPER, P. d.; DULOS, E. et al. (1998). "Taches, rayures et labyrinthes", in *La Recherche,* janeiro de 1998 (305), pp. 84-89.

LARGEAULT, J. (1993). *Intuition et intuitionisme*. Paris: Vrin.

LASSÈGUE, J. (1993). "Le test de Turing et l'énigme de la différence des sexes", pp. 145-195, in D. *Anzieu* (Editor). *Les contenants de pensée*. Paris: Dunod.

___ (1996). "What Kind of Turing Test did Turing have in Mind?", in *Tekhnema; Journal of Philosophy and Technology* (3), pp. 37-58. Disponível em http://tekhnema.free.fr/3Lasseguearticle.htm

___ (2002). "Turing, entre formel et forme; remarques sur la convergence des perspectives morphologiques", pp. 185-198, in *Intellectica*, n. 35. Comentário a Longo (2002).

___ (2004). "La genèse des concepts mathématiques, entre sciences de la cognition et sciences de la culture", *Revue de synthèse*, 5e serie, tome 124, pp. 224-236.

___ (2007). "Turing — Et l'informatique fut", pp. 32--120. *Pour la Science*, Les génies de la science, n. 29, nov. 2006-jan. 2007.

___ (2008). "Doing Justice to the Imitation Game; a farewell to formalism". Chap. 11, pp. 151-169, in R. Epstein, G. Roberts *and* G. Beber (Eds.) *Parsing the Turing Test; Philosophical and Methodological Issues in the Quest for the Thinking Computer*. Berlim: Springer Verlag.

___ (2008). "Turing entre le formel de Hilbert et la forme de Goethe", in *Matière première*, (3), pp. 57-70.

___ (2012). "Turing en 3 dates". Séminaire "Formes symboliques". Disponível em <http://formes-symboliques.org/spip.php?article299>.

___ ; LONGO, G. (2012). "What is Turing's Comparison between Mechanism and Writing Worth?", pp. 451- -462, in S. B. Cooper, A. Dawar, B. Löwe (Eds.). *How the World Computes*. Turing Centenary Conference and 8th Conference on Computability in Europe, CiE 2012, Cambridge, RU, junho de 2012.

LEAVITT, D. (2007). *O homem que sabia demais. Alan Turing e a invenção do computador*. Trad. Samuel Dirceu. São Paulo: Novo Conceito.

LONGO, G. (2002). "Laplace, Turing et la géométrie impossible du 'jeu de l'imitation': aléas, déterminisme et programmes dans le test de Turing", pp. 131-162, in *Intellectica*, n. 35.

McCULLOCH, W. S.; PITTS, W. H. (1943). "A Logical Calculus of the Ideas Immanent in Nervous Activity", in *Bulletin of Mathematical Biophysics*, vol. 5, pp. 115-133. Cf. <http://deeplearning.cs.cmu.edu/pdfs/McCulloch.and.Pitts.pdf>.

MICHIE, D. (1974). *On Machine Intelligence*. Nova York: John Wiley and Sons.

MINSKY, M. L. (1967). *Computation: Finite and infinite Machines*. Englewood Cliffs, N. J.: Prentice-Hall.

MONK, R. (1990). *Wittgenstein, the Duty of Genius*. London: Vintage.

MONTICELLI, M.; LASSÈGUE, J. (2012). Computer Paper Construis ton propre ordinateur de papier. 12 pages. Disponível em <https://tel.archives-ouvertes.fr/hal-00932320/document>.

MOSCONI, J. (1989). *La constitution de la théorie des automates*. Tese de doutorado, Universidade de Paris I. Atelier National de Reproduction des Thèses, Universidade de Lille III, 2 vols.

PENROSE, R. (1993). *A Mente Nova do Rei — computadores, mentes e as leis da física*. Rio de Janeiro: Campus [original: *The Emperor's New Mind; Concerning Computers, Minds and the Laws of Physics*. Oxford: Oxford University Press, 1989].

___ (1994). *Shadows of the Mind: A Search for the Missing Science of Consciousness*. Oxford: Oxford University Press.

PUTNAM, H. (1960). "Minds and Machines", in *Dimensions of Mind*, pp. 148-179, S. Hook. Nova York: New York University Press.

PYLYSHYN, Z. (1984). *Computation and Cognition; Toward a Foundation for Cognitive Science*. Cambridge, Mass.: MIT Press.

RAMUNI, J. (1989). *La physique du calcul; Histoire de l'ordinateur*. Paris: Hachette.

REJEWSKI, M. (1981). "How Polish Mathematicians Deciphered the Enigma", in *Annals of the History of Computing*, 3 (3), pp. 213-234.

SAUNDERS, P. T. (1992). "Introduction", pp. XI-XXIV. *Collected Works of A. M. Turing*, vol. 3 — *Morphogenesis* (Advances in Psychology). P. T. Saunders (Editor). North-Holland (Amsterdã; Londres).

SCHECHTER, Luis M. (2015). "A Vida e o Legado de Alan Turing para a Ciência", Departamento de Ciência da Computação/UFRJ. Disponível em <http://www.dcc.ufrj.br/~luisms/turing/Seminarios.pdf>.

THOM, R. (1972). *Stabilité structurelle et morphogenèse*. Paris: InterEditions.

VON NEUMANN, J. (1927). "Zur Hilbertschen Beweistheorie", in *Mathematische Zeitschrift* 26 (1927), pp. 1-46.

___ (1946). "Preliminary Discussion of the Logical Design of an Electronic Computing Instrument", in *John von Neumann Collected Works*, vol. V, pp. 34-79. A. H. Taub. Oxford: Pergamon Press.

___ (1966). *Theory of Self-Reproducing Automata*. Londres e Urbana: University of Illinois Press.

VON NEUMANN, J.; MORGENSTERN, O. (1944). *Theory of Games and Economic Behavior*. Princeton: Princeton University Press.

WANG, H. (1965). "Games, logic and computers", in *Scientific American*, 213, n. 5, novembro de 1965, pp. 98-106 [Em português: "Jogos, lógica e computadores", in *Computadores e Computação*. São Paulo: Editora Perspectiva, 1977].

___ (1974). *From Mathematics to Philosophy*. Londres: Routledge e Kegan Paul.

WARDLAW, C. W. (1953). "A commentary on Turing's diffusion-reaction theory of morphogenesis", in *New Phytol.* 52, pp. 40-47.

WEYL, H. (1921). "Über die neue Grundlagenkrise der Mathematik", in *Mathematische Zeitschrift* 10 (1921), pp. 39-79.

WIENER, N. (1971). *Deus, Golem & Cia*. Tradução de Leônidas Hegenberg e Octanny Silveira da Mota.

São Paulo: Editora Cultrix [original: *God and Golem, Inc.: A Comment on Certain Points Where Cybernetics Impinges on Religion*. Cambridge: MIT Press, 1964].

ESTE LIVRO FOI COMPOSTO EM SABON CORPO 10,7 POR 13,5 E
IMPRESSO SOBRE PAPEL OFF-SET 75 g/m² NAS OFICINAS DA ASSAHI
GRÁFICA, SÃO BERNARDO DO CAMPO-SP, EM MAIO DE 2017